大气环境与健康

李　林　编著

天津出版传媒集团

天津科学技术出版社

图书在版编目(CIP)数据

大气环境与健康 / 李林编著. -- 天津：天津科学
技术出版社，2020.8
　ISBN 978-7-5576-8365-8

　Ⅰ.①大… Ⅱ.①李… Ⅲ.①大气影响-健康 Ⅳ.
①X503.1

中国版本图书馆 CIP 数据核字(2020)第 114096 号

大气环境与健康
DAQI HUANJING YU JIANKANG

责任编辑:刘　鹅
责任印制:兰　毅

出　　版:天津出版传媒集团
　　　　　天津科学技术出版社
地　　址:天津市西康路 35 号
邮　　编:300051
电　　话:(022)23332377
网　　址:www.tjkjcbs.com.cn
发　　行:新华书店经销
印　　刷:天津市隆达印刷有限公司

开本 787×1092 1/16　印张 9.75　字数 200 000
2021 年 3 月第 1 版第 1 次印刷
定价:30.00 元

大气是人类不可缺少的环境因素之一。14世纪之前，很少有资料报告大气污染会引起人类健康问题。18世纪末到20世纪初的工业革命为人类社会带来巨大生产力的同时，也引起了严重的环境问题特别是大气污染问题。随着世界人口的增加、工业生产和交通运输的快速发展，各种废气排放量不断增多，大气受到严重污染，使人类健康受到直接或间接的危害。近年来，我国大气污染形势日趋严峻。以可吸入颗粒物（PM 10）、细颗粒物（PM 2.5）为特征污染物的区域性大气环境问题日益突出，我国一些地方，如京津冀地区连续多年遭遇雾霾天气，恶劣的天气不仅损害了人民群众的身体健康，而且给社会经济的可持续发展带来了严重的影响。正如习近平总书记指出："我们在生态环境方面欠账太多了，如果不从现在起就把这项工作紧紧抓起来，将来会付出更大的代价。"因此，研究大气污染所带来的健康问题以及如何实施对大气污染物的监控管理就具有十分重要的意义。

全书通俗易懂，共分五章。在回顾大气环境科学知识的基础上，本书以大气的概述—大气污染—环境健康学的研究方法—健康危害—污染健康风险评价—大气污染防治为知识脉络主线，主要阐述大气的结构及组成、大气污染的来源及分类、大气污染对健康影响的主要研究方法、大气污染对健康存在的各种不利影响、大气污染健康风险评价的主要步骤以及大气污染的监控管理。在内容编排上有如下特色：一是将大气环境与健康关系的研究方法理论与实际大气污染对健康影响的问题以实例形式有机结合；二是从大气环境健康学的角度，详细阐述环境流行病学及环境毒理学研究方法；三是对医学及环境科学的一些专业术语给出详细的解释，以期加深读者对此方面内容的理解。本书在编写的过程中，力求理论和实际相结合，每章都附有相应的思考题。全书脉络清晰、层次分明、重点突出。

本书既可以作为环境科学相关专业的教材和教学参考书，也可供从事大气环境科学工作技术人员参考。

本书由山西广播电视大学李林教师编写。本书的编写倾注了编者无尽的心血和汗水。在编写过程中编者还得到家人和朋友的热情鼓励和大力帮助。本书还引用了大量国内外作者有关环境健康方面的资料和文献，编者在此一一表示衷心的感谢。

由于时间关系及编者水平有限，书中难免有疏漏和不妥之处，敬请广大读者批评指正，以便今后修订和完善。

李 林

2019 年 9 月于太原

目录
Contents

1 大气污染

大气污染，又称为空气污染。14 世纪之前，很少有资料报告大气污染会引起人类健康问题。18 世纪末到 20 世纪初的工业革命为人类社会带来巨大生产力的同时，也引起了严重的环境问题特别是大气污染问题。随着世界人口的增加、工业生产和交通运输的快速发展，各种废气排放量不断增多，大气受到严重污染，人类健康受到直接或间接的危害。当前，我国大气污染形势日趋严峻，以可吸入颗粒物（PM 10）、细颗粒物（PM 2.5）为特征污染物的区域性大气环境问题日益突出，这不仅影响了经济社会的和谐稳定，而且还损害人民群众的身体健康。随着我国工业化、城镇化的深入推进，能源资源消耗持续增加，我国大气污染防治压力将继续加大。

本章主要介绍大气结构、组成和物理性状以及大气污染的来源、污染物的种类、转归及浓度影响因素等基本内容，以期通过对这些基本内容的介绍，为后续进一步深入研究大气污染对机体的影响或危害奠定基础。

1.1 大气的概述

"大气"是一种广义的空间地理概念。许多学科诸如环境科学、自然地理学、大气气象学、大气物理学常常以区域性的或全球性的气流为研究对象，因此这些学科常用"大气"一词。与此对应的这一范围的空气污染称之为"大气污染"。

"空气"是一种物质定义，特指地球表面附近的气态物质，是多种气体的混合物。一般地，动植物以及人活动的某个场所的周围气体环境称之为空气，或将平流层的下层部分以及对流层合称为空气层。与此对应的这类场所的空气污染就采用"空气污染"一词。

对于本书，空气和大气，互为同义词，二者没有实质性差别。

1.1.1　大气结构与组成

1. 大气结构

大气是地球上生命的存在特别是人类存在不可缺少的环境因素之一。

地球表面上覆盖着多种气体，这些气体组成大气层。根据大气在垂直方向上的温度、组成以及物理性质的不均匀性，大气层在结构上从上至下可分为散逸层、暖层、中间层、平流层和对流层。图 1-1 是大气垂直方向上的分层结构示意图。

大气层随着地球旋转形成大气圈。大气圈的总质量约为 $5.3×10^{15}$ t。大气圈的空气质量分布极不均匀，其中 98.2% 的空气集中在高度 30 km 以下的近地层。随着高度的增加，大气圈的空气密度逐渐变小，空气也越来越稀薄。当高度超过 1000~1400 km 时，气体已经非常稀薄。因此通常把从地球表面到 1000~1400 km 高度的大气层称为大气圈的厚度。

（1）散逸层（mesophere）

散逸层由带电粒子组成。散逸层之上是浩瀚无垠的星际空间。

（2）暖层

散逸层之下是暖层。这层所以称之为暖层的主要原因是太阳光照射时其紫外光被这一层中的氧原子大量吸收导致温度升高。暖层距地球表面 100~800 km。

（3）中间层

暖层下面是中间层。中间层的空气很稀薄，其突出特征是气温随高度增加而迅速降低，空气的垂直对流强烈。中间层距地球表面 50~85 km。

暖层大约距地球表面 80 km 以上有一特殊的层，我们把它称之为电离层。在电离层，高空中的气体被太阳光的紫外线（UV-B）照射后电离成正、负离子及部分自由电子。人类通过利用电磁短波能被电离层反射回地面的这一特点实现了电磁波的远距离通讯。

（4）平流层

中间层下面是平流层。平流层中的空气是水平流动的，无垂直的气流，因此此层的空气比较稳定。在平流层 30 km 以下的温度保持一直保持较恒定的低温（-55℃左右）。在平流层内水蒸气和尘埃也很少。平流层大约距地球表面 20~50 km。

在平流层距地球表面 20~30 km 处也有一特殊的层，我们称之为臭氧层。这是因为在这一层氧分子在太阳光 UV-B 的光化学作用下分解成氧原子，然后再合成臭氧（O_3）。臭氧层中的臭氧能吸收对生物杀伤力极强的短波 UV-B（2000~3000 Å）和宇宙线，保护地球上的生物乃至人类不受这些射线的损害。

（5）对流层

平流层下面就是与我们人类生产生活以及生物密切相关的对流层。对流层紧靠地球表面，在大气层的最底层。之所以将这一层称之为对流层是因为这一层的空气上冷下热，产生活跃的对流。对流层的气温随高度的增加而逐渐下降，大约随着高度每升高 1000 m 下降 5~6℃。而且温度递减得越大，气流在垂直方向上的流动越大，其混合的作用也越强。但是，有时对流层中也会出现气温递增现象，我们称之为逆温。对流层受地球影响较大，风、云、雷、雨等各种气象现象都发生在这一层。对流层受人类活动的影响也很大，比如，大气污染也主要存在在这一范围之内。对流层厚度为 10~20 km。

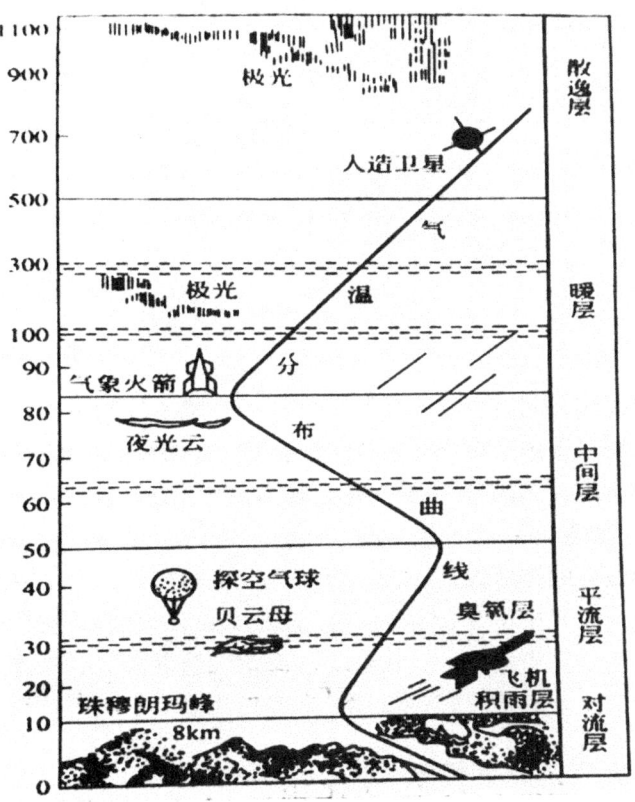

图 1-1 大气层结构示意图

2. 大气组成

大气是由多种成分组成的混合气体，由干洁空气、水汽、悬浮微粒组成。

（1）干洁空气

干洁空气由氮、氧和氩等主要成分组成。在标态下氮气的容积占78.09%，氧气的占20.94%，氩气的占0.93%，二氧化碳的占0.03%，这四种的总容积约占99.99%。除上述成分之外，干洁空气还有微量的氖、氦、氪、氙、氢、臭氧等稀有气体等，其总容积只占其中的0.001%。干洁空气的组成如表1-1所示。

表1-1　干洁空气的组成

气体类别	含量（体积分数）/%	气体类别	含量（体积分数）/%
氮（N_2）	78.09	氪（Kr）	1.0×10^{-4}
氧（O_2）	20.94	氢（H_2）	0.5×10^{-4}
氩（Ar）	0.93	氙（Xe）	0.08×10^{-4}
二氧化碳（CO_2）	0.03	臭氧（O_3）	0.01×10^{-4}
氖（Ne）	18×10^{-4}	干空气	100
氦（He）	5.24×10^{-4}		

（2）水汽

水汽是大气中的另一重要组分。与氮、氧等成分的含量相比，水汽在大气中的含量要低得多。同时，随着地域、时间、气象条件的不同，水汽的变化幅度也很大，比如温湿地带可高达6%，而干旱地区可低至0.02%。大气中的水汽主要来自于河流、湖泊等地表水体以及土壤和植物中水分的蒸发。

（3）悬浮微粒（suspended particles）

随着悬浮微粒的排放源的不同，其在大气中的种类、含量以及化学成分也不尽相同。进入大气中的悬浮微粒的排放源主要有天然或自然因素和人为因素。自然因素诸如宇宙落物、火山爆发、海浪飞逸以及岩石风化等；人为因素诸如采矿粉尘、工业烟尘、燃烧煤烟、运输扬尘等。

1.1.2　大气的物理性状

大气的物理性状包括太阳辐射、气象、空气离子化等方面。

1. 太阳辐射

太阳辐射是产生各种天气现象的根本原因，也是地球上光和热的源泉。太阳光是一种电磁波，分为可见光和不可见光。不可见光肉眼看不到，如紫外线和红外线等。红外线的波长为 760 nm~1 mm，主要效应是使机体产生热效应。红外线经皮肤吸收后，可使局部组织温度升高、血管扩张充血，新陈代谢加快、细胞增生，并有消炎和镇痛作用。但过量的红外线照射能引起皮肤烧伤、体温升高，还可引起热射病、日射病、红外线白内障等。

紫外线的波长为 200~400 nm。波长为 200~275 nm 的紫外线具有极强的杀菌作用，对正常细胞的损伤也是严重的；波长为 275~320 nm 的紫外线只有部分能到达地表，对生物机体具有抗佝偻病和红斑的作用，并能提高机体的免疫水平，这段波长的紫外线对机体的生理机能促进作用最大；波长为 320~400 nm 的紫外线生理意义较小，主要是产生色素沉着作用。虽然紫外线对人体健康有益，但紫外线照射过度也可引起日光性皮炎、眼炎、甚至皮肤癌等疾病。

太阳光中，可见光的波长为 400~760 nm，由于其光谱段能量均匀，所以被人体感觉为白色光。可见光是生物生存必不可少的条件之一。

2. 气象

气温、气流、气湿和气压等气象因素对人体的冷热感觉、体温调节、心血管功能、神经功能、免疫功能、新陈代谢等多种生理功能都起着综合调节作用。气象条件适宜可使人体处于良好的、舒适的状态。当气象条件变化超过机体调节能力的范围，例如酷暑、严寒、高温、低气压、暴风雨等，均能引起人体的不适感觉，从而引起疾病，如心脑血管疾病、呼吸系统疾病、关节疾病等。此外，气象因素对大气污染物的扩散也具有极为重要的作用。

3. 空气离子化

空气中的气体分子（例如氮、氧）在一般状态下呈中性，但当受到外界某些理化因子的强烈作用后其会产生阳离子和阴离子。

空气中存在的一定浓度的阴离子能起到使机体镇静、催眠、镇痛、止痒、止汗、利尿、降低血压、增进食欲、使注意力集中、提高工作效率等良好的作用。而空气中的阳离子则恰恰相反，对机体会产生许多不良作用。在海滨、树林、瀑布附近、喷泉附近、风景区等自然环境中，大气中的阴离子含量较多，因而有利于机体健康。

1.1.3 大气与生命的关系

大气是地球上生命物质的源泉。大气不仅为生物提供所需的必要元素，还可以阻挡太阳紫外线大量进入地表，从而保护地球上的生命。同时，大气还保持一定的地表温度，使之适应于人类和生物的生存、生活。因此，大气对人类及生物的生存、生活与健康都具有十分重要的影响。

一般地，成年人每昼夜需要呼吸 2 万多次，吸入约 $10\sim15~m^3$ 的空气，在 $60\sim80~m^2$ 的肺泡里，进行气体交换与吸收，以维持正常的生命活动。一个人可以 5 周不吃食物，5 天不喝水，但断绝空气几分钟都不行。因此，"正常"空气是保证人体生理机能和健康的必要条件。

对于人类来说，空气中的氧通过肺泡的薄壁与血液中的血红蛋白结合，从而由血液输送氧至全身各部位，与身体中的营养成分作用而释放出活动所必需的能量。若大气中含有比氧更易与血红蛋白结合的物质，当其达到一定浓度时，则可夺取氧的地位而与血红蛋白结合，致使身体由于缺氧而生病、死亡。例如一氧化碳和氰化物就是如此。

对植物来说，虽然它们吸收二氧化碳放出氧气，但它们的正常生理反应也是需要氧的，没有氧，植物也要死亡。

空气中的氮也是重要的生命元素。氮循环是生物圈内基本的物质循环之一，如图 1-2 所示。氮在空气中以分子氮的形式存在，含量虽大，却不能为多数生物直接利用。氮分子必须经个别微生物吸收、转化为无机氮化合物，而后才能作为固定的氮如化肥固氮进入土壤，在那里被植物吸收，形成植物体内的蛋白质等有机氮。然后动物或人体直接或间接以植物为食，将植物体内的有机氮同化成自身体内的有机氮。动植物的遗体、排出物和残落物中的有机氮被微生物分解后形成氨，在有氧条件下，土壤中的氨在硝化细菌作用下氧化成硝酸盐等。在氧气不足的条件下，土壤中的硝酸盐被反硝化细菌等还原成亚硝酸盐，并且进一步还原成分子态氮，返回到大气中。

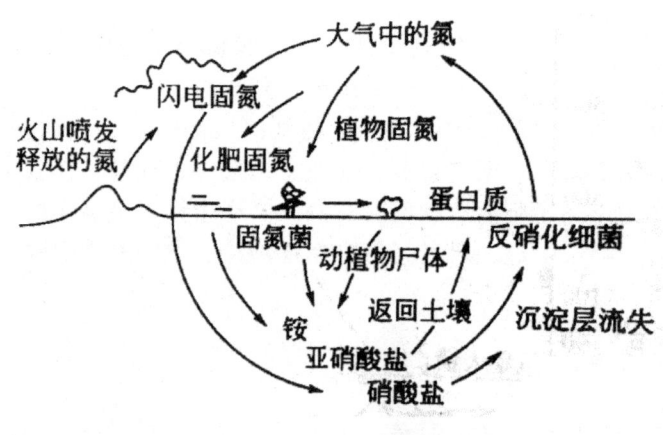

图 1-2 氮循环图

然而，随着工农业生产的迅猛发展，人类活动对大气圈产生了许多不良影响，如化石燃料的燃烧产生了大量的温室气体，导致全球气候变化；氟氯烃化合物的使用与排放导致臭氧层的破坏，使生态系统和人类健康受到威胁。

1.2　大气污染

随着社会经济的迅猛发展，人们把大量的天然资源变为自己的消费品，同时也把一部分资源变成污染物排放到大气中，而排入大气中的污染物数量的增长速度早已超出了大气的自净能力，不仅增加了大气原有的成分（如 CO_2），还增加了一些新的物质成分（如氯氟烃等），因此现代的大气已被严重污染。所谓大气污染（atmospheric air pollution）是指进入大气的有害物质的数量、浓度和存留时间超过了大气环境所允许的范围，即超过了大气的稀释、扩散的能力，使正常的大气组成和性质发生变化，给人们的健康、精神状态、生活和工作以及生态环境等方面带来直接或间接的影响和危害。引起大气污染的各种有害物质称为大气污染物。造成大气污染的大气污染物的发生源称为大气污染源。大气污染是人类目前面临的主要环境污染问题之一。

1.2.1　大气污染的来源

大气污染的来源可分为自然来源（或称天然来源）和人为来源两大类。前者是自然界自行向大气排放污染物，如火山爆发（如火山灰）、森林火灾、生物腐烂、森林植物释放（如萜烯类碳氢化合物）、土壤风化、海浪飞沫等。这些自然界产生的污染物，与人为源产生的污染物相比，浓度较低，构成了大气环境背景污染物以及一定的污染物浓度水平。在维持正常的生态平衡条件下，它们一般并不会恶化空气质量，人们也无法有效控制它们；后者是由于人类从事生产活动和生活活动引起的大气污染，如交通运输过程（如机动车尾气）、工业生产过程、燃料燃烧、人工爆炸、农业活动等。由于人为因素对大气环境造成的污染占主要地位，因此本节主要介绍人类活动引起的大气污染。

1. 大气污染的来源

（1）工业企业

工业企业是目前世界各国特别是发展中国家大气污染的主要来源之一。这类污染源属于固定污染源。随着现代工业的快速发展，工业企业排放的大气污染物种类及数量不断增加，主要表现在以下两个方面。

1）化石燃料的燃烧　工业生产过程中的化石燃料的燃烧是大气污染的重要来源。因其污染源数量多、排放量大、影响范围广而成为人们普遍关注的问题。煤炭和石油是目前工业企业的主要化石燃料。同一种燃料由于产地、品种不同，其所含杂质的种类及数量也各不相同，因此燃烧产物的种类及数量也有很大差别。用煤量最大的行业主要有火力发电、冶金、化工、机械、轻工和建材等。煤的主要成分是含碳化合物，并含有大量硫化物及含氟、砷、钙、铁、镉等元素的化合物；石油是多种烃类的化合物，并含有硫化物、氮化物等杂质。在煤炭和石油等化石燃料燃烧过程中，产生的主要大气污染物有烟尘、一氧化碳、硫氧化物、氮氧化物、金属氧化物及多环芳烃等多种有机化合物。

2) 工业生产过程 化工厂、炼油厂、钢铁厂、焦化厂、水泥厂等各类工业企业，在原料到成品的各个生产环节中都会生成各种污染物，经不同渠道排放到大气中。这类污染物主要有粉尘、碳氢化合物、含硫化合物、含氮化合物以及卤素化合物等。生产工艺流程、原材料及操作管理条件和水平的不同，所排放的污染物的种类、数量、组成、性质等也各有差异。例如，生产铝或过磷酸钙（磷肥）能排出大量氟化氢，温度计厂排出汞蒸汽，建材厂可排出油烟、苯并芘、石棉等。

（2）采暖锅炉与生活炉灶

我国北方城镇地区在冬季采暖季节需要供暖。采暖锅炉通常使用煤炭作为燃料，由于采暖设备的脱硫除尘措施不完善，会造成采暖季节大气污染的进一步加重。此外，冬季的气象条件也不利于大气污染物的扩散稀释，容易形成严重的区域性污染，对居民健康造成较大的危害。

大、中城市居民目前已普遍使用液化石油气、天然气作为生活炉灶的燃料，而在未普及使用上述气体燃料的地区，仍然使用大量的煤球、蜂窝煤作为燃料。在以煤炭为生活炉灶的主要燃料的城市居民区，由于煤炭质量不合格、炉灶结构不合理、燃烧不完全、烟囱高度较低或根本没有烟囱等原因，导致生成硫化物、烟尘、一氧化碳等大量燃烧产物，排入低空，造成居住区大气的严重污染。

（3）交通运输

近年来，随着交通运输事业的发展，城市行驶的汽车与日增多，其他主要交通运输工具如飞机、火车、轮船等客货运输日益频繁。这些工具多以汽油、柴油为动力燃料，其燃烧后产生的污染物主要有碳氢化合物、一氧化碳、氮氧化物、含铅化合物、苯并芘等。这些污染物在阳光照射下，有的经光化学反应，生成光化学烟雾，形成二次污染物（如臭氧、乙醛、PAN 等氧化剂），使大气遭受污染的同时，对人类健康的危害更大。其中，污染大气、对人体健康危害最严重的是汽车，其排出的污染物距人们的呼吸带很近，能直接被人吸入。

汽车排放废气的部位和成分如图1-3所示。

从油箱和气化器中挥发的汽油(碳氢化合物20%)

从曲轴箱漏出的气体(碳氢化合物20%)

汽车排气(一氧化碳100%碳氢化合物60%氮氧化物100%)

图1-3 汽车排放废气的部位和成分

（4）农业生产过程

农药和化肥的使用也可对大气造成污染。如DDT施用后能在水面漂浮，并同水分子一起蒸发而进入大气；氮肥在施用后可直接从土壤表面挥发成气体进入大气；以有机氮或无机氮进入土壤内的氮肥，在土壤微生物作用下转化为氮氧化物进入大气，从而增加了大气中氮氧化物的含量。

（5）其他

城市建筑工地可产生大量扬尘，若不及时给予处理，极易对城市大气造成长期污染。城市居民区及街道路面如铺装不好，道路清扫不及时，绿化面积不足，加上人员来往及车辆行驶，也同样易使地面尘土飞扬。在北方部分地区常见沙尘暴天气，还可将大量沙尘带入城市大气，造成跨地区大气污染。此外，火葬场、垃圾焚烧厂等也可排放带有某些有毒有害物质的燃烧废气污染周边大气。

二、大气污染的类型

根据大气污染物的组成和反应，可将大气污染划分为以下几种类型。

（1）还原型（煤烟型）大气污染

还原型大气污染通常发生在以煤炭为主要燃料的地区，是指在低温、高湿且风速小（或静风）并存在逆温天气的气象条件下，燃煤产生的含SO_2、CO等还原性大气污染物扩散受阻，在低空聚集形成还原性烟雾，又称煤烟型烟雾。煤烟型烟雾实际上是烟尘、水蒸气（雾）和SO_2相互作用发生反应，生成硫酸及硫酸盐等二次污染产物，与一次污染物共同构成煤烟型大气污染的代表性污染物,其实质就是一种硫酸雾。1952 年 12 月发生的英国伦敦烟雾事件即为本类型大气污染的典型代表。煤烟型烟雾对眼、鼻和呼吸道具有强烈的刺激作用。飘尘和酸雾被吸入人体后,沉积在肺部,一些可溶性物质还能进入血液及肺组织,造成呼吸困难、危及心脏,甚至造成死亡。

(2)氧化型(石油型)大气污染

氧化型污染多发生在以石油为主要燃料的地区,是由机动车尾气,燃油锅炉及石油化工企业等污染源排入烃类化合物和氮氧化合物等一次污染物,在太阳光紫外线的照射下发生光化学反应,生成 O_3、醛、酮、过氧乙酰硝酸酯(peroxy acetyl nitrate,PAN)等二次污染物,参与光化学反应过程的一次污染物与二次污染物混合形成的烟雾污染现象。其污染物具有极强的氧化性,对人的眼睛、呼吸系统等组织器官产生强烈的刺激作用。1943~1967 年间多次发生在美国洛杉矶的光化学烟雾事件即为本类型大气污染的典型代表。光化学烟雾一般发生在大气相对湿度较低、气温为 24~30℃的夏季晴天,污染高峰一般出现在正午或稍后。

(3)复合型大气污染

近年来我国各大中城市汽车保有量成倍增长,汽车尾气污染大气趋势日益加重,NO_x、O_3、CO、烃类(HC)等大气污染物浓度已接近甚至超过发达国家水平。在这种条件下,我国城市煤烟型污染问题在还未完全解决的情况下,"光化学烟雾型"的健康危害已逐步显现,形成了发达国家也未遇到过的复杂的高浓度煤烟型污染与严重的交通型污染相叠加产生的"复合型大气污染"模式。与煤烟型或石油型大气污染相比,复合型大气污染的污染物种类及组成更为复杂,不仅含有以煤炭为主要燃料的污染源排放的污染物,也包括从各类工业企业、汽车尾气排放的各种有机污染物质,这些污染物质共存并相互耦合在一起,引起大气能见度下降、灰霾天气和光化学烟雾的形成。"看不见蓝天"已成为我国许多城市的共同特征,城市居民人群的呼吸道疾病患病率明显增加,儿童、老人的健康较成人受到更大的威胁。

(4)特殊型污染

特殊型污染是指由工厂排放特有的污染物,造成局限于一定范围内的大气污染。例如,氯碱工厂周围形成的氯气污染和硫酸厂周围形成的硫酸雾污染等。

3. 大气污染源的分类

为满足大气污染源调查、大气环境质量现状和影响评价、大气污染物治理以及环境科学研究的需要,大气污染源可作如下分类。

（1）按污染源存在的形式分

1）固定污染源　源位置固定，如工厂的烟囱或排气筒。

2）移动污染源　在移动过程中排放大气污染物，如汽车等。

（2）按大气环境影响预测模式的模拟形式分

1）点源　污染物通过某种装置集中向大气环境排放的点状源，如高烟囱、排气筒等。

2）面源　在一定区域范围内，以低矮密集方式自地面或近地面的高度排放污染物的源，如工艺过程中的无组织排放、储存堆、渣场等排放源。

3）线源　污染物呈线状排放或者由移动污染源构成线状排放的源，如城市道路的机动车排放源等。

4）体源　由源本身或附近建筑物的空气动力学作用使污染物呈一定体积向大气排放的源，如焦炉炉体，屋顶天窗等。

在环境科学研究和大气环境影响预测与控制的工作中，此分类最为常用。

（3）按污染物排放的时间分

1）连续源　污染物连续排放，如化工厂连续生产排气等。

2）间断源　污染物时断时续排放，如取暖锅炉的烟囱。

3）瞬时源　污染物短暂时间排放，如某些工厂的事故性排放。

（4）按人们活动的功能分

1）工业污染源　包括工业用燃料燃烧排放的污染物，生产过程中排放废气、粉尘等。

2）农业污染源　农用燃料燃烧的废气、有机氯农药、氮肥分解产生的 NO_x 等。

3）生活污染源　民用炉灶、取暖锅炉、垃圾焚烧等放出的废气，具有量大、分布广、排放高度低等特点。

4）交通污染源　交通运输工具燃烧燃料排放废气，成分复杂，危害性大。

5）按污染影响范围分

又可分为局地源和区域性大气污染源。

1.2.2　大气污染物的种类

大气污染物按照其属性可分为物理性污染物（如噪声、电磁波等）、化学性污染物和生物性污染物（如病毒、细菌等病原体）。在各类大气污染物中，化学性污染物所具有的种类最多、污染范围最广，因此是主要的大气污染物。化学性污染物主要以废气的形式排入大气。以下主要讨论大气中的化学性污染物。

依照污染物与污染源的关系，化学性污染物可分为一次污染物（原发性污染物）和二次污染物（继发性污染物）。从污染源直接排出的污染物，称为一次污染物（primary pollutant）。它又可分为反应性物质和非反应性物质。反应性物质不稳定，还可与大气中的其他物质发生化学反应；非反应性物质比较稳定，在大气中不与其他物质发生反应或反应速率缓慢。若不稳定的一次污染物与大气中原有物质，或几种一次污染物之间，在外界条件作用下发生一系列化学变化或光化学反应，生成与原污染物物理、化学性质完全不同的新污染物质，则称其为二次污染物（secondary pollutant）。如 SO_2、NO_2 等气态污染物在空气中发生氧化还原反应，则可分别形成硫酸盐和硝酸盐等二次污染物。通常二次污染物的毒性比一次污染物的毒性更强，对人体健康潜在的危害更大。

按照污染物在大气中存在的形态，化学性污染物可分为颗粒态污染物和气态污染物两大类。

1. 颗粒态污染物

分散在空气中的微小液体或固体微粒统称为大气颗粒态污染物（简称颗粒物）。颗粒物在大气中可以独立运动，也可以吸附其他小颗粒或某些气体共同运动。颗粒物还起着载体的作用，其表面可吸附和携带很多其他有害物质和病原体，进入人体后造成危害。但是，颗粒物对人体的危害不仅限于载体作用，其本身的化学性状也决定其是否具有毒性。由于颗粒物的生成原因不同，其化学性状也会有很大的差别。因此，不同化学成分的颗粒物，其毒性是有很大差别的。

（1）根据颗粒物的产生来源

主要可分为以下几种类型。

尘粒（dust）：由固体物料的输送、粉碎、分级、研磨、装卸等物理机械过程或由岩石、土壤风化等自然过程产生的颗粒物。靠重力作用能在较短时间内沉降到地面的尘粒，称为降尘；不易沉降，能长期漂浮于大气中的尘粒，称为飘尘。

烟尘（smoke）：在燃料燃烧、高温熔融和化学反应等过程中形成的、飘浮于大气中的颗粒物。它包括因升华、焙烧、氧化等过程形成的烟气，也包括燃料不完全燃烧所造成的黑烟及由于蒸汽凝结所形成的烟雾。

雾（fog）：由水或其他液体组成的、悬浮于大气中的细小液态颗粒的总称。一般是由于蒸汽的凝结、液体的喷雾、雾化以及化学反应过程所形成，如水雾、酸雾、碱雾、油雾等。

（2）按照颗粒物在重力作用下的沉降特性

颗粒物可分为降尘（dustfall）和总悬浮颗粒物（total suspended particulates, TSP）。将较粗的、靠重力即可较快沉降到地面上的颗粒物称为降尘，其粒径一般大于 $100\mu m$；粒径小于 $100\ \mu m$ 的颗粒物则称为总悬浮颗粒物。根据粒径的不同，将粒径小于 $10\mu m$ 的颗粒称为可吸入颗粒物（inhalable particles, PM 10）。因为 PM 10 可以通过鼻腔等呼吸道进入人体肺部，在肺泡内积累，并可通过血液循环输往全身，对人体危害大，因此称为可吸入颗粒物。PM 10 又可细分为粗颗粒物（coarse particles，粒径为 $2.5\ \mu m \sim 10\ \mu m$ 的颗粒，$PM_{2.5-10}$）、细颗粒物（fine particles，粒径$\leqslant 2.5\ \mu m$ 的颗粒，PM 2.5）。在细颗粒物中粒径小于 $0.1\mu m$ 的颗粒物称为超细颗粒物（ultrafine particles, $PM_{0.1}$），其在数量浓度上占有绝对的优势。

2. 气态污染物

气态污染物（gaseous pollutants）的存在形式包括气体和蒸气两种。蒸气是某些固态或液态物质受热后，引起固体升华或液体蒸发后形成的气态物质，如苯蒸气、汞蒸气、铅蒸气等。蒸气遇冷后仍可恢复至原有的固体或液体状态。气体是指某些物质在常温常压下形成的气态形式。气体状态的大气污染物种类很多，能检出上百种。目前常见的气体污染物主要有以下五种（见表 1-2）。

（1）含硫化合物　主要指 SO_2、SO_3 和 H_2S 等，其中以 SO_2 的数量最大，危害也最大。

（2）含氮化合物　主要指 NO、NO_2、NH_3 等。

（3）碳氧化合物　主要指 CO、CO_2 等。

（4）碳氢化合物　主要指烃、酮、酯、胺等。

（5）卤素化合物　主要指含氯和含氟化合物，如 HF、HCl、SiF_4、氟利昂等。

表 1-2　气体状态大气污染物的种类

污染物	一次污染物	二次污染物	污染物	一次污染物	二次污染物
含硫化合物	SO_2、H_2S	SO_2、H_2SO_4、MSO_4	碳氢化合物	$CmHn$（$m=1\sim5$）	醛、酮、PAN
碳氧化合物	CO、CO_2	无	卤素化合物	HF、HCl	无
含氮化合物	NO、NH_3	NO_2、HNO_3、MNO_3、O_3			

1.2.3　影响大气污染物浓度的因素

大气中有害物质的浓度，一方面取决于工艺过程、污染物净化处理程度、污染物的排出情况（如排放量、排放高度等），另一方面也取决于大气的自净作用。大气的自净作用分为两个阶段：第一阶段，排到大气中的污染物，由于各种气象因素的影响而得到混合稀释，浓度降低；第二阶段，污染物进一步通过物理、化学和生物学作用而从大气中逐渐消失，使大气恢复其正常组成。影响大气污染物浓度的主要因素包括以下几个方面。

1. 污染源的排放情况

（1）排放量

大气污染物排放量是决定大气污染程度最基本的因素。排放量是指污染源在一定时间内排放的污染物物质量或体积，以源强或排放速率表示。在地形与其他条件相同的情况下，单位时间内排放的污染物数量越多，大气被污染的程度越严重。大气污染物排放量受许多因素的影响，主要包括生产性质、工艺、规模、净化设备以及其净化效率等。同一企业大气污染物的排放量也会因生产量的大小而有所变化。

表1-3为我国近年主要大气污染物的全年排放量。

表1-3　我国2006-2010年废气中主要污染物的全年排放量

项目 年度	二氧化硫排放量 （万吨）			烟尘排放量 （万吨）			工业粉尘排放量 （万吨）
	合计	工业	生活	合计	工业	生活	
2006	2588.8	2234.8	354.0	1088.8	864.5	224.3	808.4
2007	2468.1	2140.0	328.1	986.6	771.1	215.5	698.7
2008	2321.2	1991.3	329.9	901.6	670.7	230.9	584.9
2009	2214.4	1866.1	348.3	847.2	603.9	243.3	523.6
2010	2185.1	1864.4	320.7	829.1	603.2	225.9	448.7

注：摘自2010年中国环境状况公报。

（2）排放方式

污染源排放污染物的方式对大气污染水平影响较大。污染源基本排放方式有两种，一种是有组织排放，它是指通过排气筒（如烟囱、通风管等）把污染物排放到一定高度和方位的大气中，在大气中污染物逐渐扩散稀释并到达距离排出口一定距离后，才开始接触地面而污染地面的空气层。有组织排放的特点是污染物排放集中，便于人工控制和采取必要的净化措施，因此易于管理。另一种为无组织排放，即在生产过程中无密闭设备或设备不完善，污染物主要通过门、窗等或通过露天作业场所、废物堆放场所等渠道逸散或泄漏到大气中，如矿山开采、矿石破碎、作业场所物料堆放、开放式输送、建筑建设中产生的尘埃、工业企业中阀门或管道接口处的含尘气体泄漏等。无组织排放的特点是污染物排出的高度较低，排出后即沿地面分散弥漫，不能人工控制，所以对附近居民区污染的影响较大。根据排放时间是否连续，污染源排放污染物的方式也可分为连续排放和间歇排放两种。如常年开工生产的工业企业通过烟囱或排气筒持续稳定排放污染物就属于连续排放方式；而仅在秋冬季使用的采暖锅炉等季节性排放源则属于间歇式排放。由于排放时间是否连续以及长短等不同，受污染的范围也不尽相同。

（3）排放高度

有组织排放中排放高度系指烟囱的有效排放高度，即烟囱本身的高度与烟羽抬升的高度之和，可以采用烟波中心轴（大致通过烟波中心位置、平行于地面的直线）距地面的距离来表示（图1-4）。当其他条件相同时，大气中污染物的浓度取决于烟囱高度。烟囱越高，烟波断面就越大，烟波中心轴离地面就越远，排出口遇到的风速就越大，污染物越容易扩散和稀释；这样，地面所受污染的浓度也就越低。一般认为污染源下风侧地区污染物的最高浓度大致与烟囱的有效排放高度的平方成反比。即烟波有效排放高度增加一倍，可使下风地区污染物大气最高浓度降为原来的四分之一。无组织排放中污染物的排放高度较低，不易扩散和稀释，通常会造成污染源附近地区的大气污染。

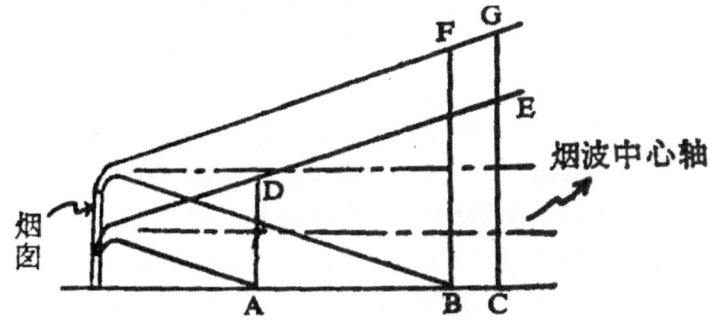

图1-4　排出高度不同时的烟波示意图

（4）与污染源的距离

接近地面空气层中污染物的浓度随距离变化的情况与排放方式有关。在有组织排放中，污染物自烟囱排出后，向下风侧扩散稀释直至接触地面。与地面的接触点称为着陆点。通常情况下，着陆点与烟囱的距离是污染物有效排放高度的 10~20 倍，且气体污染物的着陆点较颗粒物更远，而颗粒物的粒径越小着陆点越远。由于污染物被排放到一定高度，烟波要经过一段距离后才能接触地面，因此，在着陆点至排放源之间地带，大气污染物的浓度反而较低，污染较轻，而污染物在近地面的浓度以着陆点为最高，随后向下风侧逐渐降低。图 1-4 中 CE>AD 说明污染物排出后，经过的距离越远，烟波断面越大，污染物被稀释的程度就越高，大气中污染物的浓度也就越低。当无组织排放时，污染物沿地面扩散，浓度随距离的增加而降低。

2. 气象因素

（1）风

风在污染物的扩散中起着很重要的作用。风（wind）常指空气的水平运动分量，包括方向和大小，即风向和风速。风速是指空气在单位时间内移动的水平距离，常以米每秒（m/s）来表示。风速可决定污染物的稀释程度与扩散范围。当风速增大时，一方面由于单位时间内通过烟波断面的空气量增大，使污染物受到更多的空气稀释，另一方面，则由于气流扩散增强，促使污染物与大气更好地混合。所以，在其他条件相同下，风速越大，大气中污染物的浓度越低。风向是指风吹来的方向，例如西北风指空气自西北向东南流动。风向一般用平面上的 8 个方位表示，分别为：北、东北、东、东南、南、西南、西、西北。也可进一步细分为 16 个方位。根据一定时间内每个风向出现的频率，在屏幕上以圆心为 0，在相应方向上定出各自的比例，再连接起来，即为风向频率图。风向可反映污染源周围受影响的方位。短期污染以污染物排放时的下风向地区受影响最大，而长期污染以全年主导风向的下风向地区受影响最大。

（2）湍流

湍流（on flow）是指不规则的气流运动，它表现为气流流向上下左右湍动，气流流速时大时小。在大气中，由于受各种大气尺度影响的结果，导致三维空间的气流流向、流速发生连续的随机涨落。湍流产生原因主要有两种：一种是由机械或动力作用生成机械湍流，是指由于地表非均一性和粗糙度造成空气流动时与地表"摩擦"，地表起伏变化越大（例如高低不同的建筑物），机械湍流越易产生；二是指由于各种热力因子诱生的热力湍流，如太阳加热地表导致热对流向上运动，地表受热不均匀或气层不稳定都可以引起热力湍流。一般情况下，大气湍流的强弱取决于热力和动力两因子。湍流强度越大，越有利于污染物的稀释和扩散。

（3）气温

气温（air temperature）是指大气的温度。我国使用摄氏温度，单位为摄氏度（℃）。气温主要产生于太阳辐射及地表物体的热辐射。当空气获得热量时，内能增加，温度升高；当空气失去热量时，内能减小，温度降低。空气与外界可通过传导、辐射、对流、湍流、蒸发与凝结等方式交换热量。近地面大气温度较高，随着海拔高度的增加而呈现逐步递减的趋势。气温随距地面高度的增加而下降，每升高100 m下降的度数叫垂直温度递减率。通常平均垂直温度递减率为0.65℃/100 m。但是，温度梯度有时变化很大，甚至温度随距地面高度的增加反而上升，这种气温递增现象，就是所谓的逆温。

气温的垂直分布对污染物在大气中的扩散与地面空气层中的污染物的浓度有很大影响。当高空温度显著低于地面温度时，地面热空气迅速上升，上层冷空气下降，形成对流，这时大气处于不稳定状态，污染物能不断被带入较高的上空混合稀释；但当地面温度低于高空温度时，就会出现逆温，此时大气处于稳定状态，污染物不能上升，地面大气中的污染物浓度就显著增高。

决定大气稳定度时，通常要考虑气温的垂直分布。在与大气污染有关的低层大气中，气温的垂直分布变化较大，它和稳定度的关系见图1-5所示。通常由这种气温的垂直分布状况来决定大气的混合层高度。在晴天无风无云时，太阳把地表及临近地表面的空气加暖，于是暖空气就上升，直到它的温度冷却和上层空气温度相同为止，这就是所谓的混合层高度。一到夜晚，地表面以及临近地表面的空气变冷，温度较高空的低，即产生逆温，地表面空气不能上升，排入大气中的污染物也就很难扩散。但在一般情况下，到了早晨，太阳又出来照暖地表面和地面附近的空气，温度又逐渐上升，逆温状态就发生变化，暖空气的上升又再次出现。在夏季由于气温高，垂直温差较大，这种混合层高度就更大；一到冬季气温低，垂直温差较小，所以混合层高度就变得更低，这就是一年内冬季大气污染较重，一日内中午和下午大气污染较轻的主要原因。

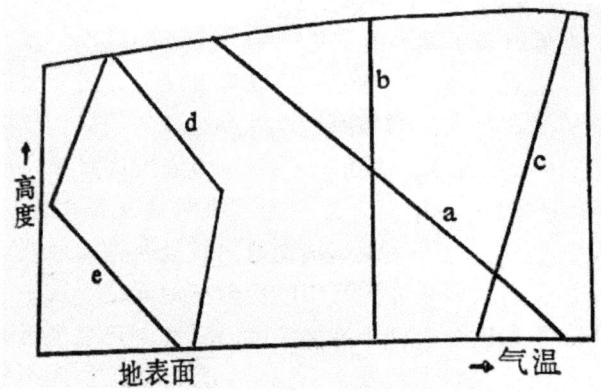

a. 不稳定　b. 稳定（等温）　c. 稳定（逆温）

d. 上层不稳定下层稳定　e. 上层稳定下层不稳定

图 1-5　接近地面气温垂直分布于稳定状态图

光化学烟雾污染与一般污染不同，由于它的形成与日光照射有关，一般太阳辐射强度以中午和下午最强，所以光化学烟雾污染也以中下午为最严重。

逆温的发生与地形也有关系。在山谷常常由于山上流下的冷空气潜入山谷暖空气的下方，在地面附近形成冷空气层，产生逆温、雾气滞留等现象，影响污染物的扩散稀释，加剧大气污染的程度。

（4）气压

气压（air pressure）是指大气的压强，其单位常用百帕（hPa）表示。气压的大小与海拔高度、大气温度、大气密度、地理纬度等因素有关，一般随海拔高度升高成指数规律递减。气压有日变化和年变化之分。气压与气温的变化也有关。气温高，空气体积膨胀，密度变小，气压就低；气温低，空气体积收缩，密度变大，气压就高。当地表空气受低压控制时，周围高压气团向中心运动，中心的气团会上升，形成上升气流，有利于大气污染物向上扩散；当地面空气受高压控制时，高压气团中心的空气向周围下降，不利于大气污染物的扩散。

（5）气湿

气湿对污染物在大气中的扩散有很大的影响。气湿（air humidity）是指大气的湿度，表征大气的含水程度，常用相对湿度（单位：%）表示。相对湿度30%及以下称为低气湿，相对湿度80%及以上称为高气湿。当空气湿度较高，气温较低时，水蒸气可以烟尘微粒等颗粒物为凝结核而形成雾，使污染物粒子粒径和质量增加而下降并积聚在低层大气中，同时阻碍烟气的扩散，从而加重了大气的污染；所以有雾时，大气中污染物的浓度往往显著增高。

气湿不仅能影响污染物在大气中的扩散，而且在水分作用下还能使大气中的某些污染物发生化学变化。例如，大气中的气体污染物如二氧化硫在湿度大的条件下更易反应形成硫酸雾或酸雨等二次污染物，氯气水解成氯化氢，从而变成毒性更大的物质。

3. 地形条件

(1) 山坡和谷地

受地势影响，山背会形成局部涡流。当大范围的气流吹过山地时，位于迎风面山坡上的烟囱所排出的烟气就顺着气流向上扩散。当风吹过山顶后，通常在山背形成局部涡流。此时，位于背面山坡上的烟囱所排出的烟气被涡流压下，不能很好地扩散，就有可能对局部地区造成污染。

受地势和气温的影响，山谷地还会形成谷地环流。白天，山坡表面由于日照而升温，气温高于谷地，形成低气压上升气流，谷地空气上升填补，于是形成谷风。此时，位于山坡上的烟囱所排出的烟气便能向上扩散，有利于污染物向上方扩散，减少对谷地的污染。夜晚，山坡表面通过辐射大量散热而很快冷却，气温降得比谷地上的空气要低，形成高气压下降气流，谷地空气因而上升，山坡空气下降填补，即形成山风。山风把污染物压在谷底扩散不出去，就造成对谷地的污染。历史上曾出现过很多发生在河谷地区的烟雾污染事件，给当地造成严重的大气污染。例如 1930 年 12 月发生在比利时马斯河谷的烟雾事件，就是由于分布在河谷地带的工厂排放到大气中的污染物不易扩散，浓度急剧增加，一周内引起数千人患呼吸道疾病，并造成 60 人死亡。

2. 海洋与陆地

在陆地与海洋（或江、湖、水库等）相接处，白天，陆地和水体表面受到太阳辐射，但由于水的比热大，陆地升温较水面快，所以陆地气压较低，海洋气压较高，风从海洋（高压区）吹向陆地（低压区）形成海风；夜间，陆地降温较海洋快，所以陆地气压较高，海洋气压较低，风从陆地（高压区）吹向海洋（低压区），形成陆风。在不同季节也有类似变化，如夏季陆地升温快，海洋升温慢，风从海洋吹向陆地；冬季陆地降温快，海洋降温慢，风从陆地吹向海洋。上述风向的变化可将大气污染物在海洋与陆地之间进行转移。如把工厂建立在海边，把居住区设在陆地后面，则白天受海陆风的影响，居住区易受到工厂排放的污染物的影响。

3. 城市热岛效应

晴朗无风的夏日，海岛上的地面气温高于周围海上气温，并因此形成海风环流以及海岛上空的积云对流，这是海洋热岛效应的表现。近年来，由于城市人口集中、工业发展、交通拥塞，城市上空二氧化碳和人为产生的热量聚集明显，且城市中的建筑大多使用石头和混凝土等材料，其热传导率和热容量都较高，加上建筑物本身对风的阻挡或减弱作用，可使城市年平均气温比郊区高2℃以上，使城市在温度的空间分布上犹如一个温暖的岛屿，从而形成城市热岛效应（urban heat island effect，UHIE）。城市热岛上空的热空气上升，四周冷空气流向城市，形成热岛环流，可将市区的大气污染物通过上升气流带到郊区，然后再通过从郊区流向城市的冷空气将这些污染物连同郊区排放的污染物一起带回城市，使城市大气污染加重。

1.2.4 大气污染物的转归

排放到大气中的污染物在外界条件下可发生各种复杂的运动和变化，其最终转归途径有以下几种。

1. 自净

大气污染物可以通过物理作用（如扩散、沉降等）、化学作用（如氧化、中和等）、生物学作用（如植物吸收、细菌转化等）以及太阳辐射等，逐步降低其浓度以至于达到无害程度。

（1）扩散

排放到大气中的污染物，在大气湍流的作用下迅速地分散开来，这种现象称为大气扩散。经过扩散作用排放到大气中的污染物向外界转移。在有利于污染物扩散的气象条件下，扩散作用可使污染物在大气中被充分稀释，从而有效降低污染物的浓度。

（2）沉降

悬浮于大气中的固体颗粒物依靠自身的重力作用降落至地面或水面而与大气分离的过程，称为重力沉降。例如，空气动力学直径大于 10 μm 的固体颗粒物，由于本身重量，在大气中极不稳定而迅速沉降到地面。由于它在空气中沉降过程较快，因此不易被吸入呼吸道。重力沉降可使大气中的污染物转移至其他环境介质如土壤、水体等，使污染物在大气中的浓度降低。

但是，空气动力学直径小于 10 μm 的细小颗粒在大气中的稳定程度较高，沉降相当缓慢，它能在空气中飘浮很久，并被带到较远的地方。这些细小微粒通常通过雨、雪、雾、冰雹等各种降水形式的水汽凝结物而从大气中清除，这种作用过程称为"湿沉降"，比如污染源排放的硫化物（如 SO_2）或氮化物（如 NO_2）进入大气后，经历扩散、输送以及被雨水吸收、冲刷、清除，或被氧化成不易挥发的硫酸或硝酸，溶于云滴或雨滴而成为降水成分。

（3）氧化

排放至大气中的还原性污染物可被某些氧化剂氧化成无毒或低毒的化合

物，如 CO 可被氧化成 CO_2，SO_2 被氧化成 SO_3 等。

（4）中和

大气中的某些酸性污染物可与碱性物质发生中和反应，生成无毒或低毒的化合物，如 SO_2 可与熟石灰或石灰水反应生成亚硫酸钙和水。

（5）植物吸收

某些大气污染物可被植物吸收，从而使空气得到净化。如绿萝具有极强的空气净化功能，能同时净化空气中的苯、三氯乙烯和甲醛；常春藤可吸收苯；月季可吸收 SO_2 等。

（6）细菌转化

某些细菌可将气态污染物转化为无毒或低毒的化合物，如硫化氢气体可被硫细菌逐步氧化形成硫酸盐。

（7）太阳辐射

大气中的污染物通过各种光化学过程，或者变成危害性较小的物质，或者完全消失，或者转变为更为有害的物质。比如，太阳辐射中的紫外线或红外线可灭活飘浮在空气中的某些有害微生物，如细菌、病毒等；光解作用生成的氢氧根可氧化大气中的碳氢化合物，使其毒性降低；煤烟中的苯并芘在强烈的阳光作用下能部分被分解，失去其致癌性；但烯烃类化合物和二氧化氮在太阳紫外线作用下，能生成光化学烟雾，加重其危害性。

2. 迁移

不能充分自净的大气污染物可随气流运动向其他地区转移，从而扩大污染范围。污染物的转移去向主要有以下几种。

（1）向下风向远处转移

因污染物浓度高或大气稀释作用不完全，污染源排放的污染物可随气流迁移至距离污染源较远的地区，对迁移地的大气造成污染。

（2）向平流层转移

某些相对分子质量较小的气体可以通过垂直性扩散上升至平流层，或由超音速飞机直接排入平流层，引起高空大气污染，如氟氯烃（chloro fluoro carbons，CFCs）、甲烷等。

（3）向地面土壤和水体转移

大气污染物通过直接或间接暴露途径进入其他环境介质如土壤、水体等，将污染向这些环境介质中转移。例如，酸雨降落至土壤可使土壤酸化；大气汞通过水生或陆生食物链蓄积和放大作用危害人体健康等。

3. 形成二次污染物

从各种排放源直接排放进入大气中的一次污染物，在外界条件的作用下，产生化学变化生成新的污染物质，即为二次污染物。在许多情况下，二次污染物的毒性要大于一次污染物，如 NO_x 和碳氢化合物经光化学作用生成具有强氧化性的光化学烟雾，SO_2、NO_x 等气体被氧化形成硫酸、硝酸，溶解于水中降落于地面，形成具有强腐蚀性的酸雨等。

1.2.5 全球大气污染问题

全球大气污染是指某些超越国界，影响到全球大气组成以及气候变化的大气污染。由于人类活动对环境的干扰和破坏日益增长，致使全球大气组分发生改变，气候变化加剧，对人类的生存造成了严重的威胁。目前全球性大气污染问题主要表现在温室效应、酸雨和臭氧层破坏三个方面。

1. 温室效应

温室效应（greenhouse effect）是大气保温效应的俗称。它是指太阳能以短波辐射的形式穿过大气到达地面并被其吸收，当地表受热后向外放出的大量长波辐射却被大气吸收，从而导致地表与低层大气的温度升高。因为其作用类似于栽培农作物的玻璃温室，故名温室效应。能够引起温室效应的气体称为温室气体（greenhouse gas，GHG）。重要的温室气体包括 CO_2、O_3、N_2O、CFCs 和 CH_4 等，其中以 CO_2 的温室效应作用最为显著。温室气体的排放及其引起的气候变化是人类社会所面对的最长期的挑战之一。自从工业革命以来，人类由于使用大量化石燃料、滥伐毁坏热带森林等，使大气中 CO_2 等温室气体的浓度逐年增加，大气温室效应也随之增强，全球性气候变暖，产生海平面上升、农业病虫害增加等一系列影响，同时影响了更多人的健康，增加了防病治病的困难和经济负担。

2. 酸雨

酸雨（acid rain）是指 pH 小于 5.6 的雨雪或其他形式的降水。酸雨分为硫酸型酸雨和硝酸型酸雨。我国酸雨主要以硫酸型酸雨为主，此外，各种机动车尾气排放的 NO_x 也是形成酸雨的重要原因。酸雨主要是由于雨雪等在形成和降落过程中，吸收并溶解了人为向大气中排放的大量酸性物质（如 SO_2、NO_x 等），形成了 pH 小于 5.6 的酸性降水。酸雨的主要危害是破坏森林生态系统，使植物枯萎；改变土壤性质和结构，使土壤贫瘠化；破坏水体生态系统，溶解水体底泥中的重金属进入水中，毒害鱼类；加速建筑物和文物古迹的腐蚀和风化过程；损害人体呼吸系统，引起肺部炎症和肺水肿等。

3. 臭氧层破坏

介于对流层和平流层之间的臭氧层主要有三个作用：一是保护作用，即臭氧吸收 90% 的太阳光紫外线辐射，为地球提供了一个防止紫外线辐射的屏障，保护地球上人类和动植物免遭紫外线的伤害；二是加热作用，即臭氧吸收太阳光中的紫外线并将其转化为热能加入大气；三是温室气体的作用，即在对流层上部和平流层底部，也就是气温很低的这一高度，O_3 的作用非常重要。因为如果在这部分高度中 O_3 减少，则会引起地面气温下降。因此，臭氧层对于保护地球上的生物、调节全球气候以及保护生态平衡都具有十分重要的作用。

但是，自从 20 世纪以来，人类活动产生了大量能够与 O_3 发生反应的污染物，如 NO_x、CFC 等物质，使臭氧层变得稀薄，从而使更多的紫外线直达地球表面，对地球的生态系统造成严重威胁。根据科学估算，高空每减少 1% 的 O_3，就会有额外 2% 的紫外线辐射到达地面，对地面动植物造成损失，使人类皮肤癌的患病率大大提高。科学家曾预言：2050 年时，即使不考虑在南北极上空的特殊云层化学，在高纬度地区，臭氧的消耗量也将会达到 4%~12%，因此停止使用各种危害臭氧层的物质已刻不容缓。

目前，国际组织《关于消耗臭氧层物质的蒙特利尔议定书》及其该《议定书修正》已规定了 15 种氯氟烷烃（CFC）、3 种哈龙、40 种含氢氯氟烷烃（HCFC）、34 种含氢溴氟烷烃（HBFC）、四氯化碳（CCl_4）、甲基氯仿（CH_3CCl_3）和甲基溴（CH_3Br）为控制使用的消耗臭氧层物质，也称受控物质。

思考题

1. 试述大气结构与组成。
2. 试述大气污染的来源。
3. 试分析影响大气污染物浓度的各种因素。
4. 试分析大气污染物的转归途径。
5. 试述全球大气污染问题有哪些。

2　大气环境健康学

本章简要介绍大气环境健康学的由来和发展，详细阐述大气环境健康学的基本概念、主要研究对象及内容等，并在大气污染健康危害途径和特点以及大气环境与人的相互作用的基础上，重点阐述了大气环境健康学的主要研究方法，即环境流行病学研究方法和环境毒理学研究方法。

2.1　大气环境健康学

2.1.1　大气环境健康学概述

近 100 多年来，全世界已发生数十起由于空气环境污染造成的严重公害事件，如比利时马斯河谷烟雾事件、美国多诺拉烟雾事件、英国伦敦曾多次发生的煤烟型烟雾事件、美国洛杉矶、纽约和日本东京、大阪发生的光化学烟雾事件等，这些事件对人体健康以及生态环境造成了极大的危害，引起学术界和普通民众的广泛关注。随着社会的进步和科学技术的发展，人类在创造巨大财富的同时由于不合理的开发自然资源造成大量废气、废水和废渣等不断进入大气、水、土壤等环境，严重污染大气，水，土壤等自然环境，使正常的生态环境遭受破坏，人们的生活环境质量下降，直接威胁着人类的健康。因此，科学研究人员在关注空气环境污染公害事件的同时，也开始关注处于低浓度水平的大气污染变化对人体健康造成的不利影响，并逐步证实了大气污染短期或长期浓度变化与人群健康有关。

实际上，人们很久很久以前就已经认识到大气等环境的优劣与人体的健康有着密切关系。古希腊医学家希波克拉底（Hippocrates，公元前 460 年—公元前 337 年）在其论文《空气、水、土地》中就从季节、气候、城市的位置以及水质等方面阐述了环境与人体健康的关系。我国的《黄帝内经》也曾提出

"人与天地相参，与日月相应"的观点，认为自然是人类生命的源泉，人与自然之间有着密不可分的联系。后汉书张让传（公元 156 年）中记载："灵帝三年，毕岚创造翻车和渴乌，施于桥西，用洒南北郊路"（即洒水车等），这是古人防止尘土污染空气影响健康的具体措施。

19 世纪后，德国医学家佩滕科费尔（Pettenkofer，1818~1901 年，环境卫生学之父）首次提出肠伤寒和霍乱等传染病的流行与空气、水以及食物等生活环境有关，并于 1865 年在德国的慕尼黑大学开设卫生学讲座，以空气、水等为研究对象，采用物理和化学方法，开展了空气中 CO_2 浓度测定方法的研究，从而开创了实验卫生学（Experimental Hygiene），即近代环境卫生学（Environmental Hygiene）。随着时代的进步和社会的发展，卫生学学科也随之蓬勃发展，其分工越来越细，分支越来越成熟，与环境科学（Environmental Science）在研究内容上相互交叉，形成新的学科，即环境健康学（Environmental Health Science）。环境健康学将环境卫生学的研究内容从强调"卫生（hygiene）"逐渐转变为以"健康（health）"为核心，它是环境科学的重要分支之一，也是公共卫生和预防医学的重要组成部分。

环境健康学研究内容很多，范围也很广，概括起来有以下几个方面：①大气、水体、土壤与健康；②饮用水卫生与健康；③住宅及室内环境与健康；④公共场所卫生；⑤人居环境与健康；⑥家用化学物品、个人用品与健康；⑦环境质量评价和健康危险度评价；⑧环境卫生监督与卫生管理；⑨灾害卫生；⑩全球环境变化与健康。

随着时代的不同，环境健康学研究的侧重点也有所不同。近年来，诸如臭氧层破坏、酸雨、气候变暖等全球大气环境问题越来越引起人们的关注。我国一些城市的大气污染也十分严峻。PM 2.5污染严重，远高于国家新环境空气质量标准 GB3095-2012 中规定的标准限值。城市大气污染类型已由最初的煤烟型污染发展到高浓度煤烟型污染与严重的交通型污染相叠加的复合型污染，大气氧化性增强，细粒子浓度升高，导致能见度下降，灰霾天数增加，由此影响到人类的生活质量、身体健康和生产活动。因此，大气环境健康学作为环境健康学中一个相对独立的研究内容，具有十分重要的现实指导意义。

大气环境健康学是研究大气环境中的物理、化学等因素与人体健康之间关系的一门学科。大气环境健康学主要研究对象是人类及其周围的大气环境，其主要揭示大气环境因素对人体健康影响的规律，为充分利用有利于人群健康的大气环境因素，消除和改善不利的大气环境因素提出卫生要求和预防措施，并配合有关部门做好大气环境立法、大气卫生标准制定、大气质量监督以及大气环境保护工作。

　　大气环境因素包括物理因素和化学因素等。大气环境中的物理因素主要包括气温、气湿、气流、热辐射、气压、非电离辐射、电离辐射、噪声等。气温、气湿、气流和热辐射决定人类生活环境的小气候。非电离辐射是波长大于100 nm 的电磁波，由于其能量低于 12 eV（电子伏特），不能引起水和组织电离，故称为非电离辐射。非电离辐射包括光和射频辐射两大类。天然光中除可见光外，还有紫外线和红外线，它们均为非电离辐射，人造光中的激光也属于非电离辐射的范围。射频辐射可分为高频电磁场（是指频率在 100 kHz～300 MHz 的电磁波，其波长范围从 1～3000 m，包括长波、中波、短波、超短波）和微波。电离辐射包括属于电磁辐射波谱的 X 射线和 γ 射线，属于粒子辐射的电子（包括 β 粒子）、质子、中子、α 粒子，以及具有不同质量和电荷的亚原子粒子。从环境医学的角度，噪声是指干扰他人正常生活、工作和学习的声音，或者说是一切人们不需要的声音。

　　大气环境中的化学因素种类繁多，主要包括气态污染物和颗粒物。颗粒物上还附着着许多有机和无机物质、病菌、病毒等。大气环境中的这些化学污染物可通过多种途径在环境中迁移、转化。一些污染物在环境中由于物理、化学和生物作用，形成与原来污染物的理化性质和毒性不同的新型污染物，称为二次污染物或次生污染物。例如，随机动车尾气排出的氮氧化物和碳氢化合物在太阳紫外线的作用下，发生光化学反应，形成刺激性很强的浅蓝色混合烟雾，其主要成分是臭氧、醛类和各种过氧酰基硝酸酯等光化学氧化剂。本书研究对象主要是指大气环境中的化学因素。

2.1.2　大气环境与人的相互作用

　　虽然大气是人类以至其他生物赖以生存和发展的基本环境要素之一，但人与环境之间也存在着相互作用的关系。大气环境因素可以对人体健康产生影响，同时人体也可对环境因素的作用做出反应。

　　1. 剂量—效应关系和剂量—反应关系

　　剂量一般是指机体接触化学毒物的量或给予机体化学毒物的量，其单位通常以单位体重接触的外源化学物数量（mg/kg）或大气环境中的污染物浓度（mg/m³）来表示。剂量是决定外源化合物对机体造成损害作用的最主要因素。效应是指化学毒物与机体接触后引起的生物学改变，又称生物学效应。反应是指一定剂量的外源化合物与机体接触后，出现某种效应的个体数量在群体中占有的比率。一般用百分比和比值表示，如死亡率、反应率、发生率。

　　环境因素的剂量不同，会使机体产生不同的效应。效应可以从轻微的生理或生化改变到严重的疾病甚至死亡。剂量越大，其效应越严重。大气环境因素的剂量与个体或群体中发生的量效应强度之间的关系，称为剂量—效应关系（dose-effect relationship）。

在某一生物群体中，相同剂量的环境因素对不同的个体有不同的效应，从无健康损害→代偿性损伤→亚临床状态→疾病→死亡。各种效应在人群中所占的比例不同。环境因素的剂量发生改变时，各种效应发生的比例也就相应地改变。这种随着外来化学物质剂量的改变，某一生物群体中某种质效应发生率改变的关系，称为剂量—反应关系（dose-response relationship）。环境因素的剂量越大，出现的质反应发生率也应该越高。反应是计数资料，只能以有或无、正常或异常表示，比如是否死亡、是否发生癌症等。剂量—反应关系曲线有 S 形、抛物线形、直线形等。它是外来化学物质安全性评价的重要资料。

剂量—效应关系和剂量—反应关系都是制定大气卫生标准的理论基础。剂量—效应关系用于决定哪种效应该被预防，以及此效应可接受的发生水平。剂量—反应关系则用于决定某种效应处于可接受的发生水平时的最大暴露量。

2. 健康效应谱

当环境变异或环境有害因素作用于人群时，由于人群中各个个体的暴露剂量水平、暴露时间存在着差异，个体在年龄、性别、体质状况（健康和疾病）以及对空气污染物的遗传易感性不同，可能出现各种不同的反应，其结果表现为不同效应在人群中有不同的发生率。这种不同水平的效应在人群中的分布模式就称为健康效应谱（spectrum of health effect）。

环境因素对机体的效应是一个连续的多阶段过程。一般情况下，当空气污染物负荷较少时，大多数人并未出现生理功能的改变，属于正常生理调节范围；有些人则处于生理代偿状态，机体还可能保持着相对稳定，暂时并不出现临床症状，如停止空气污染物的暴露，机体可能向着恢复健康的方向发展。但人体的代偿能力是有限的，如果继续暴露于空气污染物中，机体内污染物量逐渐增加，代偿功能出现障碍，机体则向病理状态方向发展而出现疾病的症状和体征，这部分人在总居民人数中只占少数，而更少的人因病理反应的发展而死亡。整个过程处于连续的渐进改变，即发生可逆的轻微的生理、生化改变→明显的生理、生化改变→病理改变，出现明显的临床症状→严重中毒→死亡。

大气环境健康学应了解研究人群整个健康效应谱，这样才能对大气污染物的健康危害做出客观的评价，为制定大气卫生政策和预防措施提供有力的科学依据。

3. 易感人群和易感性

如上所述，大气污染物对机体的效应可表现为轻微的生理和生化改变，组织器官的生理和病理改变、临床症状，中毒甚至死亡等。对健康状况、年龄、生活条件大体相近的普通健康人群来说，在相同的空气污染暴露条件下，人群中人体之间的反应是存在差异的，这种现象称为人体差异。当某一强度的大气污染物作用于人群时，多数人会呈现轻度的生理负荷增加和代偿功能状态。但是，由于易感性（年龄、性别、生理状况、健康状况、遗传因素等）的差异，仍有少数人处于疾病状态甚至死亡。这类易受空气污染损伤的人群称为易感人群或敏感人群（susceptible population）。易感人群中出现某种不良反应的反应率明显高于普通人群。因此，在大气环境健康学实践以及提出预防措施时，应注意保护易感人群。

近年来的研究表明，在环境因素的作用下，人群出现的某些个体差异是由遗传因素的多态性决定的，称为遗传多态性或基因多态性（genetic polymorphism）。因此，研究人群中的基因多态性与环境暴露相关性疾病发生之间的关系，寻找易感基因，对于发现和保护易感人群是十分重要的。

遗传因素、年龄、性别、营养状态、健康状况、过敏、哮喘和吸烟等生活习惯等均会导致易感性的不同。比如，对于给定浓度的 SO_2 和 NO_2，气喘病人比非气喘病人更为敏感；吸烟和石棉暴露在导致肺癌过程中起着协同作用；吸烟者比不吸烟者的慢性阻塞性肺病（chronic obstructive pulmonary diseases, COPD）的患病率更高，对其他污染物的敏感性更高等。另外，我们也应认识到，许多与多基因遗传有关的疾病发生时，基因与环境的相互作用起着重要的作用，但有时环境的变化会起决定性的作用。例如，生活在美国的皮马人（北美印第安人的一族）由于改变了传统的饮食方式，日常摄入高脂肪饮食，结果人群中肥胖和糖尿病的发病率显著增加。而生活在墨西哥的皮马人现在仍旧保持着以蔬菜为主的饮食习惯，人群中上述疾病的发病率没有增加。

2.1.3　大气污染公害事件

公害（public nuisance）一词最早起源于英国。13 世纪，英国伦敦逐渐出现由于工业燃煤而引发的大气污染。16 世纪以后，伦敦的居民家中普遍使用煤炭，大气污染日益严重。1661 年，英国历史学家 John Evelyn 就伦敦的煤烟污染问题向当时的查尔斯二世提交了一份陈述书，在报告中首次使用"public nuisance"一词。公害是相对于私害（private nuisance）而言的，各国对其定义不尽相同。欧洲和北美发达国家将凡是影响到三人以上的大气污染、水体污染、噪声、振动，恶臭以及妨碍公路上行人的行为等均视为公害。日本在本国环境基本法中将公害定义为：由于事业活动和人类的其他活动产生的相当范围内的大气污染、水质污染、土壤污染、噪声、振动、地面沉降以及恶臭，对人体健康和生活环境带来的损害。

与自然灾害不同，公害是由人为活动引起，而且在许多情况下是由连续性污染造成的。公害的影响往往涉及一定的范围以及一定数目的受害人数。除人类以外，多数情况下动植物也会受到影响。公害对健康影响的因果关系确认一般比较困难。与全球性环境问题相比，公害主要指地域性的环境污染问题。

历史上著名的大气污染公害事件见表2-1。

表2-1　历史上著名的大气污染公害事件

名称、发生地、时间	污染源和污染物	发生机制	健康影响
马斯河谷烟雾事件比利时，1930年12月	钢铁厂、炼锌厂、玻璃加工厂二氧化硫	高气压、逆温、无风、河谷	60人死亡，数千人患呼吸道疾病
多诺拉烟雾事件美国宾夕法尼亚州，1948年10月	炼锌厂、钢铁厂、硫酸制造厂二氧化硫，硫酸雾	高气压、逆温、无风、河谷	全镇14000人中，17人死亡，5911人有眼、鼻、喉的刺激症状及其他呼吸道疾病
伦敦烟雾事件英国，1952年12月	家庭及工业燃煤二氧化硫、一氧化碳、烟尘	高气压、逆温、无风、湿度大	2周内有4000多人超额死亡，死者以老人居多，死因主要为呼吸系统疾病
洛杉矶光化学烟雾事件美国，20世纪40年代初	汽车尾气，光化学烟雾臭氧、醛类，PAN	机动车流量增加，强烈日光照射，大气处于稳定状态	出现眼、咽的刺激症状，哮喘和支气管炎，65岁以上人群的一日死亡数高于预期值19倍
四日市哮喘事件日本，1961年	石油化工和重油燃烧废气 二氧化硫	重油中的硫形成二氧化硫排出，随风扩散至临近地区	临近地区居民中哮喘、慢性支气管炎发作情况增加，与大气二氧化硫浓度有关，离开当地症状消失

2.1.4 大气污染的健康危害途径、特点及类型

1. 大气污染物进入人体的途径

(1) 呼吸道

呼吸道是大气污染物进入人体的主要途径。人体呼吸道分上、下两部，鼻、鼻窦、咽和喉合称上呼吸道；气管及其后再细分的管道直至肺泡，合称为下呼吸道。上呼吸道可起到温暖或冷却、湿润和净化吸入空气的作用，其中鼻腔内的鼻毛能滤除大部分大于 10 μm 的空气颗粒物。鼻腔分泌物中还含有溶菌酶，可溶解多种细菌，具有一定的免疫作用。

在下呼吸道，从气管到支气管的黏膜上分布着纤毛上皮细胞和黏液细胞，每个纤毛上皮细胞约有 200 条纤毛，经常进行规则而协同的摆动，使纤毛顶部的黏膜层连同黏着的异物颗粒朝咽部推移，然后经口吐出或被咽下。呼吸道黏膜下层有丰富的传入神经末梢，能感受机械或化学刺激，引起喷嚏和咳嗽等反射，以高速气流的方式把进入呼吸道的异物排出口、鼻之外。

从细支气管至肺泡部分构成呼吸道深部，没有纤毛上皮细胞，主要依靠吞噬细胞清除进入深部的异物。肺泡内的上皮细胞及巨噬细胞可参与多种基本的肺生化和代谢过程，并可防御外源性化学物对肺组织造成损害。肺泡上皮细胞还可分泌肺泡表面活性物质，以维持肺泡的内表面张力。

呼吸道内的免疫物质主要包括免疫球蛋白（immunoglobulin，Ig）A、E、G、M 等。其中分泌型 IgA 可由呼吸道黏膜合成分泌，可与相应抗原反应，干扰限制微生物黏着在黏膜上皮细胞表面，并可中和肺内的某些细胞或病毒的毒素。

因呼吸道各部分结构和功能不同，其对污染物物的阻留和吸收也不同。通常污染物进入的部分越深，扩散的面积越大，停留时间越长，则机体的吸收量越大。大气污染物在肺脏吸收的总面积可高达 $100\ m^2$，为皮肤的 50 倍。此外，肺脏还有长约 200 km 的毛细血管组成的网络，因此，其血液循环十分丰富，便于大气污染物的吸收入血和转运。非常小的颗粒物和气体污染物在肺泡内被吸收后进入血液循环系统，经血液运送至全身，可对机体内其他器官和组织造成损害。

(2) 皮肤

大气污染物经皮肤进入体内要经过两个不同的时相和过程。第一步是穿透相，是通过被动扩散透过角质层及整个表皮层的过程，脂溶性越强越易穿透；第二步是吸收相，是通过表皮层达到真皮层，透过毛细血管壁吸收入血的过程，水溶性越强越易吸收。因此，既具有脂溶性，又具有一定水溶性的大气污

染物才能经皮肤被人体吸收。此外，大气中刺激性污染物也可直接刺激眼睛、皮肤等人体表面部分，甚至直接接触产生化学腐蚀作用。大气污染严重的地区，由于眼结膜受污染物的长期刺激，眼结膜炎检出率较轻污染区和对照区的高。光化学烟雾严重的地区，红眼病的发病率也较高。

（3）消化管

沉降于食物、水体或土壤内的大气污染物可通过饮食、饮水，经消化管进入机体。此外，由呼吸道转移到咽部的污染物也可以通过吞咽经消化管进入机体。

2. 大气污染物的健康危害特点

大气污染物一般浓度较低，接触时间长，反复多次乃至终生接触，所以其往往造成长期的慢性毒害作用。由于大气污染物的种类多，形态各异，化学性质不同，所以大气污染物的毒性作用机制非常复杂，不同污染物会出现协同、拮抗和独立等联合作用。大气污染物可影响到全体人类，包括老、幼、病、弱等各种人群，尤其是婴幼儿和老年人，婴幼儿由于组织器官发育还不健全，免疫力较低，而老年人由于组织器官功能衰退，抵御能力较弱，因此他们的健康受大气污染损害的程度往往更为严重。

3. 大气污染物的健康危害类型

大气污染对人群健康的危害可分为直接危害和间接危害。直接危害又分为急性中毒、慢性中毒、免疫功能受损、致癌等。大气污染对健康的间接危害主要是通过气候改变、温室效应、臭氧层破坏以及酸雨等加重对人体健康的危害。

（1）大气污染对健康的直接危害

1）急性中毒　在较短时间内大气污染物浓度急剧增高，居民大量吸入大气污染物，引起居民急性中毒甚至死亡，特别是对于患有慢性呼吸道疾病和心脏病的居民，引起病情恶化或死亡的危险性更大。急性中毒作用按照生成原因可分为烟雾事件和生产事故。典型的烟雾事件有 1952 年的伦敦烟雾事件和 20 世纪 40—50 年代的洛杉矶光化学烟雾事件。在这些污染事件中，短期人群死亡率为平时的多倍，尤其以老年人、婴幼儿和慢性心肺疾病患者所受影响更为严重，死亡率更高。生产事故过程中由于操作不当或发生意外而使大量有毒有害的化学物质或放射性物质排放到大气中，也可造成周围居民的急性中毒。例如，1984 年印度博帕尔农药厂由于生产事故发生异氰酸甲酯毒气泄漏，造成 2500 多人死亡，危害涉及 10 多万人。2003 年我国重庆市开县东油气田发生特大井喷事故，导致 243 人遇难，附近村镇的居民受灾被迫搬迁。

2）慢性中毒　一般情况下大气污染物的浓度较低，但由于呼吸道长期持续地暴露于污染空气中，所以给人体带来了长期反复的中毒效应。不同污染物引起的慢性中毒症状各不相同，主要包括刺激性污染物、非刺激性污染物、金属类污染物和饮食中的大气污染物。

3）损害免疫功能　大气污染可以使儿童呼吸道患病率增加，还可以使儿童唾液溶菌酶活性降低，从而使其非特异性免疫功能下降。

4）致癌作用　大气污染与肺部肿瘤的发生有密切关系。国内外大量流行病学调查表明，随着大气污染的加剧，肺癌死亡率也在升高。另外，工业发展、能源消耗也会带来肺癌发病率和死亡率的上升。

在工业排放的大气污染物和机动车尾气中检测到 30 多种多环芳烃（PAHs）及其衍生物，其致癌性非常强。此外，大气污染物中也检出多种已经确认的对人体有致癌作用的无机元素，如砷（As）、铍（Be）、镍（Ni）、铬（Cr）等。

（2）大气污染对健康的间接危害

1）气候改变　大气颗粒物可促进云雾形成而吸收太阳辐射，影响紫外线的生物学作用。研究资料显示，工业城市的雾天天数较农村多，太阳辐射和紫外线强度则较弱。波长 290~310 nm 紫外线可促进人体内维生素 D 的形成，维生素 D 具有抗佝偻病的作用。因此在大气污染地区，儿童佝偻病的发病率较高。

大量颗粒物积聚在大气中还可阻挡太阳光照射到地面而使近地面气温显著降低。如火山爆发、严重的沙尘暴等都可带来大量尘埃，遮天蔽日，使近地面气温降低。严重的大气污染使白天可见光强度下降，不仅使机体健康受到影响，也容易使人们的工作效率降低，心理和情绪受到不良影响。

2）温室效应　温室效应气体比如 CO_2 具有吸热和隔热功能。大量的 CO_2 气体可形成一种无形的保护罩，使太阳辐射到地面的热量无法向外层空间发散，导致地球表面温度升高，造成全球气候变暖。全球气候变暖将影响全球环境，进而改变人类的生存环境和条件，从而对人类健康产生广泛影响。地表气温升高将导致南北极冰山融化，海平面上升，某些地势低平的沿海地区和岛国将受到威胁；气候变暖使炎热地区因热浪袭击导致人群死亡率升高；气温升高有利于某些致病菌、病毒、寄生虫等病原体及其生物性传播媒介大量繁殖，导致相应疾病流行范围扩大；气温升高能加速大气中化学反应的进程，从而加重大气污染对健康的危害。

3）臭氧层破坏　臭氧层受到破坏形成空洞，减弱了臭氧层遮挡吸收短波紫外线的能力，人群过多暴露于此环境中，可引起皮肤癌、白内障等疾病发病率的上升。

4）形成酸雨　酸雨破坏农田和植被的正常化学组成，使土壤酸化，影响土壤微生物的生存和繁殖，使土壤肥力下降，导致农作物减产，促进土壤重金属离子的水溶性增加，使农作物对重金属离子的吸收量增加，从而导致人体对重金属的摄入量增加。长期降落的酸雨，可导致江、河、湖泊等水系酸化，使水生生物种群和数量减少，影响水系水质和渔业生产，甚至影响地表水水源的水质。

2.1.5　大气环境健康学的研究方法

为阐明暴露因素对健康的影响，在运用现代科学技术了解这些因素的物理学、化学和生物学性质及其特征的同时，还需要认识它们作用于机体后引发的各种生理、生化、病理乃至心理反应。在大气环境健康学领域，主要采用流行病学、毒理学和社会医学的研究方法来探讨暴露因素与人群健康之间的关系及其影响因素。

环境流行病学研究方法与环境毒理学研究方法在环境与健康两者关系的研究中相辅相成，互为补充。环境流行病学研究有许多优势，如研究结果不需要种属间的外推，研究对象可以包括所有的易感人群，可以研究实际环境暴露情况下的健康效应而不需要由高剂量向低剂量的外推，通过日常测定或常规工作就可以获得较为准确的暴露水平和健康效应资料等。此外，环境流行病学可研究不同的暴露模式和健康效应，尤其是当没有系统的动物模型或暴露条件在实验室难以模拟时更为有用。然而，由于人在遗传、社会、职业或心理上存在很大的差异，在环境流行病学调查研究中很难找到只是暴露条件不同而其他完全相同的两个人群，也难以控制暴露条件或将研究对象维持在某一特定的环境。相反，环境流行病学研究的上述不足都可以在严格控制的条件下，采用动物试验和体外试验等毒理学方法来完善和补充。近年来，随着生命科学的飞速发展，毒理学特别是分子毒理学手段在环境健康学研究中的应用越来越多。另外，在动物试验和体外试验的基础上，为加强对人体生物标记物的研究，人体毒理学近年来也得到了很大的发展。总之，环境流行病学与环境毒理学在内容和方法上也在不断交叉和融合。

2.2　环境流行病学研究方法

流行病学（epidemiology）是研究疾病（包括伤害）与健康状况在人群中

的分布及其影响因素，借以制定和评价预防、控制和消灭疾病及促进健康的策略和措施的科学。它是从人群的角度研究疾病和健康状况等，其内容包括疾病、死因、行为（如吸烟）对于预防措施的反应以及健康服务的提供和使用情况等。定义中的分布涉及疾病和健康状况在不同时间、地区、不同人群中的状态；定义中的影响因素是指影响疾病和健康状态的所有物理、生物、社会、文化以及行为因素。流行病学的研究方法包括监测、观察、假设检验、分析研究以及实验等。环境流行病学应用传统流行病学方法，结合环境与人群健康关系的特点，寻找导致疾病的成因来源，全方位分析现代环境污染所导致的健康风险的形成机制，并探讨可以预防、减缓此类风险的措施，从而可以更为准确、全面地从人体健康视角来对环境污染所造成的风险予以评价。

2.2.1　环境流行病学介绍

1. 环境流行病学的概念

环境流行病学（environmental epidemiology）实际上是环境卫生学的一门分支学科，是流行病学研究方法在环境卫生学领域中应用和发展而形成的一门交叉学科。它应用流行病学的理论和研究方法，研究环境中自然因素和污染因素危害人群健康的流行规律，尤其是对环境因素和人体健康之间的相关关系和因果关系，即暴露—效应关系，又称接触—效应关系，以人群为研究对象进行直接的观察、分析和研究，从而阐明和揭示其内在规律，以便为制定环境卫生标准和环境保护措施提供科学的依据。其最终目的是为消除污染、改造环境、保护居民健康服务。

环境流行病学起源于对自然因素引起疾病的研究，如地方性氟中毒、地方性甲状腺肿、克山病、大骨节病等病因的研究。自 20 世纪 50 年代以来，世界各国环境污染引起的公害病相继出现，为了查明病因和为防治工作提供可靠依据，各国广泛开展了环境流行病学的调查研究。其目的不仅要阐明各种环境污染与人体健康之间的相关关系和相互影响，还要揭示环境污染对人群健康潜在的和远期的威胁和伤害。在不断解决环境污染及对人群健康危害的过程中，环境流行病学的理论与方法逐步形成了。

分子生物学和环境毒理学的发展，不仅从微观上揭示了环境污染对人群健康的危害，而且从宏观上促进了环境流行病学的发展。1974 年环境污染物对健康影响评价的国际会议在巴黎举行，会议认为暴露-效应关系问题是决定污染控制政策的主要基础之一，并将暴露-效应关系问题列为主要议题。美国国家研究委员会（The US National Research Council，NRC）认为环境流行病学并不是为证实特定的环境因素是否为某一疾病或健康效应的病因，而是为证实特定环境因素与一个或多个特定健康效应之间的相关关系，即环境流行病学是研究个体的居住环境对健康的影响，而非个体个性或者生活方式等因素对健康的影响。2019年国际环境流行病学学会第31届年会的主题是"在空气，水域，地方"。总之，环境流行病学正以全新的面貌成长和发展。

环境流行病学研究的主要内容包括以下几点。

1）调查不同地区人群的特异性疾病的地区分布、人群分布和时间分布，发病率和死亡率，并连续观察其发展变化规律。例如，癌症、心血管疾病、神经系统损伤、生殖危害等 d 的发病率、死亡率等。

2）调查并监测环境中的有害因素，包括污染物和某些自然环境中固有的微量元素在大气、水体、土壤以及食物中的分布、时空波动、负荷水平、理化形态，转化规律和人群暴露水平，以及引起危害和疾病的条件。例如，大气、水中的污染物、危险废弃物、重金属、农药、辐射等。

3）采用生态学调查、生物统计学等方法，分析调查资料，确定污染的范围和程度，以及对人体健康的影响，即确定暴露—效应关系和剂量—反应关系曲线。并以此为基础，研究污染物的阈限负荷，为制定环境卫生标准提供基础参数。

4）综合分析调查资料，为环境病（或公害病）的病因提供准确线索或建立假说，进而查明环境与健康之间的相关关系和因果关系。

2. 环境流行病学的特点

环境流行病学具有其独特性，主要表现在以下几方面。

1）暴露于环境有害因素的人群很大，比如一个城市的人群。

2）环境暴露为低浓度混合暴露，且在肿瘤和其他慢性病的研究中，暴露可能发生在很久以前。

3）所研究的暴露通常是非自愿暴露，如暴露于雾霾等空气污染中，而且在同一地区内人群中不同个体的暴露水平没有明显的差别。

4）环境有害因素暴露所致的疾病相对危险度增加很低，一般小于1.5。

5）环境有害因素可以通过长期、间接地影响区域或全球的生态系统而影响健康，这是环境因素所特有的。

由于上述特点，环境流行病学研究中最大的困难是非生物性因素的健康效应不是单一的，同样，一个效应通常与环境中多个有害因素有关。因此环境流行病学的研究面临着许多挑战，在这些挑战中最重要的有暴露评价（如个体暴露水平的测量）、健康效应终点（如个体健康数据的准确度）、潜在偏倚及混杂因素的控制等。

环境流行病学不仅研究疾病的分布规律，而且研究疾病前的状态，即包括无异常（健康）、微弱的功能改变、疾病的前期（亚临床状态）等各种健康状况，揭示环境污染或自然界中某些微量元素的健康效应。

环境流行病学在探讨环境污染或地球化学因素对健康的影响时，研究方向大致两种。一种是已知暴露的理化因素，研究其对人体健康的影响。例如，金属冶炼厂铅污染大气对周边居民健康影响的调查，环境卫生工作者所进行的大量工作就属于这种。二是探讨病因的研究，即人群出现健康无常，追究引起异常的暴露因素。例如，近年来我国学者对于鼻咽癌、食道癌、克山病、大骨节病等病因的研究，均属于此种类型。

2.2.2　环境流行病学研究方法

空气污染物健康效应的流行病学研究是通过综合分析和统计学分析揭示疾病或身体不适与空气污染物之间的关系，从而初步地从宏观上了解空气污染物对人体健康的危害性，其研究方法主要包括描述性研究和分析性研究。描述性研究主要有三类：生态学研究、现况研究及个例调查。分析性研究主要有病例对照研究和队列研究两种，其中队列研究又分为前瞻性和回顾性研究。对于环境流行病学研究来说，描述性研究方法与分析性研究方法可以看成是研究过程中相互联系、相互补充的两个阶段。

1. 描述性研究

描述性研究（descriptive study）是指利用常规例行监测或通过专门调查获得的数据资料，按照不同时间、不同地区以及不同的人群特征进行分组，描述人群中疾病和健康状态或暴露因素的分布信息，在此基础上再分析并获得疾病三间分布（时间、地区和人群分布）特征，探求线索、提出病因假说。其研究特征主要是对疾病或者某种特征的分布和频率进行描述，是观察性流行病学研究的一种类型。描述性研究所需的数据如通过常规收集，则较容易获得，且成本较低。

（1）生态学研究

描述性流行病学研究的主要方法是生态学研究（ecological study），它又称为相关性研究（correlation study），其步骤包括确定研究人群、收集和分析资料，即不是以个体为分析单位，而是以人群组（如国家、城市、工厂、学校等）为观察和分析单位，收集疾病或健康状况及某些相关资料进行分析，通过描述某一群体的平均反应水平如日平均发病率与暴露指标如大气日平均浓度之间的关联，分析大气污染物暴露状况与疾病之间的关系，从而探求病因线索。生态学研究常用于慢性病的病因学研究和环境变量与人群疾病或健康状态的关系研究。

1）生态学研究的主要目的：①提供病因线索，产生病因假设；②评估人群干预措施的效果；③估计疾病发展的趋势。

2）生态学研究的种类：主要包括生态比较研究和生态趋势研究两种，两者可混合使用。生态学研究资料不需要特别的分析方法，可以将各群体研究因素的平均暴露水平与频率之间作相关分析，也可以将各群体的暴露作为自变量，以疾病的频率作为应变量，进行回归分析。

①生态比较研究生态比较研究（ecological comparison study）是生态学研究中应用较多的一种方法，它不需要复杂的资料分析方法和暴露情况资料。它只是通过观察不同人群或地区某种疾病的分布，然后根据这种疾病在不同地区分布的差异性提出病因假设。例如，研究人员通过描述胃癌在全国不同地区的分布情况后发现沿海地区胃癌死亡率较其他地区的高，从而提出饮食结构可能是沿海地区胃癌死亡的危险因素之一。

②生态趋势研究生态趋势研究（ecological trend study）是连续观察人群中某因素平均暴露水平的改变与某种疾病的发病率、死亡率变化的关系，从而了解其变动的趋势；通过比较该因素暴露水平变化前后疾病率的变化情况，来判断该因素与某疾病的联系。例如，对某地区居民实施大肠癌序贯筛检等综合防治措施，10多年后该地区居民大肠癌死亡率呈明显的下降趋势，说明这一措施在降低大肠癌死亡率方面是有效的。

3）生态学研究的优点：生态学研究可利用常规资料或现成资料来进行研究，可节省时间、人力和物力；对于不明原因的疾病，生态学研究可提供病因线索以便进行深入研究；当个体暴露量测定困难时，一般也只能选择生态学研究方法；当需要在人群水平上评价某项干预措施的效果时，生态学研究往往更为合适。此外，在疾病监测工作中，应用生态趋势研究可估计某种疾病发展的趋势。

4）生态学研究的局限性：生态学研究也存在不少的局限性，其中最为突出的是会产生生态学谬误。在生态学研究中，以各个不同情况的个体"集合"而成的群体为观察和分析的单位，当某疾病与某因素分布一致性时，可能是该疾病与某因素之间真正有联系，但也可能毫无联系。当生态学上的联系与事实并不相符时称为"生态学谬误（ecological fallacy）"或"生态偏倚"。这是相关性研究的局限性所造成的。所以生态学研究的主要缺陷有：缺乏暴露与疾病联合分布的资料；缺乏控制可能的混杂因素的能力；相关资料中的暴露水平只是近似值或平均水平，而不是个体实验的值。

生态学研究只是定性的描述性研究，其研究中的混杂因素往往难以控制。人群中的某些变量，特别是与社会人口学和环境有关的一些变量，易于彼此相关，从而影响对暴露因素与疾病两者之间关系的正确分析。生态学研究是以群体作为观察和分析单位，在进行两变量的相关或回归分析时，对暴露水平或疾病的测量准确性相对较低，且时序关系不易确定，因此其研究结果不能作为因果关系的有力证据。

(2) 现况研究

现况研究是按事先设计的要求，应用普查或抽样调查的方法，研究特定时点或时期内和特定范围内人群中的有关变量（或因素）与疾病或健康状况的关系，即在某一时点或短时间内，对一个特定人群疾病（或某些特征）及有关因素进行的调查。从时间上说，这项工作是特定时间内一次完成的，故又称为横断面研究（cross-sectional study）。由于现况研究所得到的疾病率一般是在特定时间内调查群体的患病频率，因此也叫患病率研究（prevalence study）。现况研究主要应用于以下这些方面：①描述疾病或健康状况的分布；②评价一个国家或地区的健康水平；③研究影响人群健康水平与疾病的有关因素；④卫生服务需求的研究；⑤医疗或预防措施及其效果的评价；⑥有关环境卫生标准的制定和检验；⑦检查和衡量既往资料的质量；⑧社区卫生规划的制定与评估。

现况研究的资料收集主要包括一时性资料和经常性资料。一时性资料是指为了某种研究目的，经过专门的研究设计，通过面试、通信、电话及调查表的方式而收集的资料。其优点是资料的针对性强，并且较为可靠，缺点是很难进行长期动态的观察。经常性资料是指收集一个国家、地区或部门的日常工作记录或统计报表，如日常医疗卫生工作记录、气象、环境监测记录等。它的优点是资料容易获取，常年积累的资料可提供动态的信息，缺点是可靠性不足。

1）现况研究的主要目的：①掌握某地区目标人群在特定时间内的患病率及疾病分布状态；②描述某些因素与疾病之间的关联，为病因分析提供线索；③评价防治措施的效果；④进行疾病监测、预防接种效果等的评价。

2）现况研究的主要类型：主要包括普查和抽样调查两种。

①普查。普查（census）即全面调查，是指在特定时点或时期、特定范围内的全部人群（总体）均为研究对象的调查。普查的主要目的包括：对某些疾病早期发现、早期诊断和早期治疗；了解人群中疾病的病情分布；了解人群的健康水平；了解人体各类生理生化指标的正常范围值；制定某生物学检验标准。

普查的优点是普查的调查对象为全体目标人群，因此不存在抽样误差；普查可以同时调查目标人群中多种疾病或健康状况的分布情况，发现全部病例。但是，由于普查工作量大而且不容易做到细致，普查难免存在漏查情况；在普查过程中，调查工作人员对调查项目的理解也很难做到统一化和标准化，因此调查效果和质量难以保证；此外，普查所耗费的人力、财力和物力一般都比较大，因此普查研究要有足够的人力、财力和物力的支持。普查最好选择疾病患病率较高且检测手段和方法简易准确的情况下进行，不适合患病率低且无简便易行的诊断手段的情况。

②抽样调查。抽样调查（sampling survey）是指为了揭示疾病的分布规律，按照一定的原则从调查人群总体中抽取有代表性的一部分人体（称为样本）进行调查，以这部分样本的调查结果推算出人群总体某病的患病率或某些特征的情况。这是以小窥大、以局部估计总体的调查方法。为了从抽样调查中所获得的结论外推到整个调查人群，首先要明确抽样研究的总体是什么，其次选择合理的随机化抽样方法及确定样本的大小。根据不同的研究目的和研究对象，抽样方法包括单纯随机抽样、分层抽样、系统抽样、整群抽样和多级抽样。这些不同的抽样方法，在实际应用中常常结合在一起使用。无论采取何种抽样方法，其目的都是保证每一个研究对象是以等同的机会从其总体中选出，即保证研究的样本具有代表性。

与普查相比，抽样调查节省时间、人力和物力，而且调查工作容易做得比较细致。但是，抽样调查的设计、实施和资料分析均比普查复杂得多；抽样调查不适合于变异过大的研究对象或因素、不适合于需要普查普治的疾病、也不适合于患病率太低的疾病。

3）现况研究中常见的偏倚及其控制：偏倚（bias）是指在研究设计、实施、数据处理和分析的各个环节中产生的系统误差，以及结果解释和推论中的片面性。偏倚导致调查或研究结果与真实情况之间出现不符，错误地描述环境暴露与疾病之间的联系。现况研究中常见的偏倚是选择偏倚和信息偏倚。

①选择偏倚。选择偏倚（selection bias）是指在选择研究对象过程中所产生的偏倚。它通常包括随意选择性偏倚（arbitrary selection bias）（调查中不按照抽样设计的方案而是随意选择研究对象或者任意变换抽样方法）、无应答偏倚（no response bias）（调查对象不合作或因种种原因不能或不愿意参加调查从而降低了应答率）和选择幸存者偏倚（survivor bias）（选择一些现存的患者进行调查，而忽视了死去的患者，从而不能全面概括研究疾病的全貌）。以上原因导致研究样本缺乏代表性而使研究结果不能外推到总体。避免选择偏倚的主要方法：一是要严格按照抽样设计的方案和方法实行随机化抽样，二是要提高应答率，三是选择病例时要注意死去患者的调查。

②信息偏倚。信息偏倚（information bias）是指在收集资料过程中所产生的各种偏倚。它主要包括调查研究对象时所引起的回忆偏倚（recall bias）（调

查对象对过去的暴露史或病史等回忆不清）、调查偏倚（investigation bias）（调查员有意识地深入调查某些人的某些特征，而没有重视其他一些人的这些特征）和测量偏倚（measurement bias）（资料收集、病患等情况的测量中由于测量工具、检验方法不正确、化验技术操作不规范）。以上原因导致所获得的资料缺乏真实性或可靠性。避免信息偏倚的主要方法，一是要在调查问卷上下功夫，二是严格培训调查员，三是对测量仪器进行标准化。

4）现况研究的优点：一是研究结果具有推广意义。因为抽样调查是从一个目标人群中随机地选取一个代表性样本进行暴露与患病情况的描述性研究，因此具有较强的推广作用；二是研究结果具有可比性。因为现况研究是在资料收集完成后，将样本按是否暴露或者是否患病来进行分组，从而形成来自同一群体的同期对照组，因此具有很好的可比性。

5）现况研究的局限性：现况研究的局限性主要表现在两点：一是暴露与疾病状况之间的因与果关系难以判断。进行现况研究时，在同一时点调查的疾病或健康状况与某些暴露因素或特征的资料一次性得到，它们（即因与果）是并存的，很多情况下难以判断孰前孰后、孰因孰果，因此现况研究只能对病因分析提供初步线索，而不能得到病因关系的结论。例如，人们常常发现，与高社会阶层的人相比，低社会阶层的人患精神紊乱疾病的概率更高。通过现况研究调查得到的仅是某一时点是否患精神疾病的情况，因此不能获得其发病率的资料，因此无法判断是患精神疾病的人易于落入低社会阶层，还是低社会阶层的人易发生精神疾病。二是低估研究群体的患病水平。部分研究对象如果正处在所研究疾病的潜伏期或者临床前期，比如，许多慢性疾病都有相对恶化和缓解期，则现况研究可能把缓解期的病例错划为无病，从而被误判为正常。

（3）个例调查

个例调查（caseinvestigation）又称个案调查或病例调查，是指对个别发生的病例、病例的家庭及周围环境进行的流行病学调查。个例调查的调查内容除调查一般的人口学数据（如人口出生、人口生育等）外，还包括核实诊断、确定发病时间、地点、方式，追查传染源、传播因素或发病因素等。个例调查一般无对照，因而在成因研究方面作用不大。但个例调查往往是暴发调查的一个组成部分，是流行病学工作者和卫生防疫工作者的基本工作之一。

2. 分析性研究

与描述性研究不同，分析性流行病学的研究（analytic epidemiology）最重要的特征是在研究开始前的设计中就设立了可供对比的 2 个或 n 个组（或时间段），用于检验危险因素的假设或用来筛选危险因素，分析性研究主要包括病例对照研究和队列研究。

（1）病例对照研究

病例对照研究（case-control study）又称回顾性研究（retrospective study），是由结果探索病因或在疾病发生之后去追溯假定病因的最常用的分析流行病学研究方法。它是以某人群内一组有某种病的患者（病例组）和同一人群内未患这种病但具有可比性的人体（对照组）作为研究对象，通过询问、调查、复查历史、各种测量和问卷等方式，搜集既往各种可能的病因暴露史，计算并比较病例组和对照组各因素的暴露比例，经统计学检验，推断暴露因素与疾病之是否存在统计学上的关联。病例对照研究数据分析的主要内容是比较病例组和对照组中暴露各因素的比例，并由此估计暴露与疾病的联系程度。

当病例组与对照组的暴露比例在统计学上具有显著性差异，则可认为这种因素与患病之间存在联系，当病例组与对照组的暴露比例在统计学上无显著性差异，则可认为不存在联系。统计学上的联系是指两个或多个变量间的一种依赖关系，可以是因果关系，也可以不是。究竟是否称为因果联系，须根据一些标准再加以衡量判断。

图 2-1 为展示病例对照研究过程的示意图。

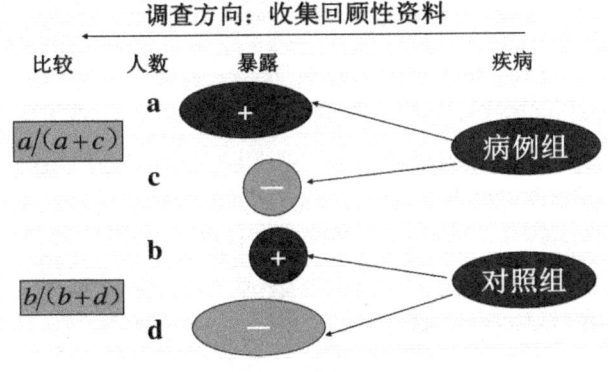

图 2-1 病例对照研究示意图

以图 2-1 为例，假定研究人群是由一组肺癌患者（病例组）和一组未患肺癌但具有可比性的人（对照组）组成。对这两组分别调查他们的吸烟历史等暴露各因素（包括现在吸烟否、过去吸过烟否、开始吸烟年龄、吸烟年数、最近每天吸烟支数：如已戒烟则为戒烟前每日吸烟支数、已戒烟年数等），计算出同一因素在不同组中的占比，然后比较两组人员吸烟史的差别，检验吸烟（可疑病因）与疾病（肺癌）有因果联系的假设。

病例对照研究采用比值比（odds ratio，OR）作为其联系强度指标。比值比是指两个比值之比。比值（odds）是表示一个事件发生机会大小的一种指标。以表2-2为例（字母代表数目），如果是队列研究与横断面调查，则可直接计算出暴露组的发病或患病比值为 a/b，未暴露组的发病或患病比值为 c/d；如果是病例对照研究，可以计算出病例组的暴露比值是 a/c，对照组的暴露比值是 b/d，这两组的暴露比值之比称为比值比。

$$比值比（OR）= \frac{病例组的暴露比值}{对照组的暴露比值} = \frac{a/c}{b/d} = \frac{a \cdot d}{b \cdot c}$$

表2-2　暴露因素与疾病的联系

患病	有暴露史	无暴露史	合计
病例组（患病）	a	c	a+c
对照组（无患病）	b	d	b+d
合计	a+b	c+d	n

病例对照研究中的对照选择是否恰当是病例对照研究成败的关键之一。但是，对照的选择往往比病例的选择更复杂、更困难。因为对对照组的要求严格。一是对照的来源应从同一个或多个医疗机构、科室的多病种的病人中，或从社区一般人群中，或从病例的邻居或所在同一居住区的健康人群中，或从病例的配偶、同学、同事等中随机选择对照；二是要求对照组的某些特征与病例组的具有可比性，如年龄、性别等，但需注意如果控制的因素太多，可能会产生配比过头。对照选择应满足以下4个原则：①排除选择偏倚；②缩小信息偏倚；③缩小不清楚或不能很好测量的变量引起的残余混杂；④在满足真实性要求和逻辑限制的前提下，使统计把握度达到最大。

病例对照研究的调查方法有面试、电话访问、通信调查、各种测量和问卷等，且对病例组和对照组的调查方法应一致，资料来源出自一致。

病例对照研究的资料分析步骤如下：首先进行病例组和对照组两组人群的均衡性检验，即对其年龄、性别、职业、民族等因素进行比较，其目的是观察病例组和对照组是否具有可比性；其次对研究因子的分布情况加以描述，然后计算病例组和对照组这两组各因素的暴露比值及比值比，从而观察暴露与疾病的关联强度。

对病例对照研究结果进行解释时，应比较下列四种可能性的大小：①所观察到的相关关系是否由偏倚引起——论证样本的代表性和资料的可比性；②所观察到的相关关系是否由混杂因素引起——考虑主要的混杂因素是否均得到控制；③所观察到的相关关系是否由机会作用引起——随机误差；④因果联系：

排除上述三项作用后，在做出因果联系的判断之前还要考虑到联系的时间顺序、普遍性、密切性、特异性及合理性。

1) 病例对照研究的类型：按研究设计分类，病例对照研究可以分为病例与对照匹配（包括群体匹配和个体匹配）和病例与对照不匹配（即随机不匹配）两类。

①病例与对照匹配。病例与对照匹配要求对照在某些因素或特征上与病例保持一致，其目的是在进行两组比较时排除匹配因素的干扰。

②病例与对照不匹配。在设计所规定的病例和对照人群中，分别抽取一定量的研究对象，且一般对照人数应大于或等于病例人数，此外没有其他任何限制和规定。此种不匹配适合于病因探索性病例对照研究，容易施行。

2) 病例对照研究中的偏倚及其控制：病例对照研究是一种回顾性观察研究，比较容易产生偏倚，常见的有选择性偏倚和信息偏倚。

①选择性偏倚。选择性偏倚（selection bias）是指研究时选入的研究对象与未选入的研究对象在某些特征上存在差异而引起的误差。它发生于研究的设计阶段。选择性偏倚包括入院率偏倚、现患病例—新发病例偏倚、检出症候偏倚和时间效应偏倚。

入院率偏倚（admission rate bias）又称为 Berkson 偏倚（Berkson bias），是利用医院患者作为病例和对照时会发生入院率偏倚。由于患者和医院双方的相互选择性，所选的病例只是该医院或某些医院的特定病例，而不是全体患者的随机样本；同样，所选的对照是医院的某一部分患者，不是全体目标人群的随机样本。

现患病例—新发病例偏倚（prevalence incidence bias）又称奈曼偏倚（Neyman bias），如果调查对象选自现患病例，即存活病例，其所获得的信息可能只与存活有关，而不一定与发病有关，从而高估某些暴露因素的病因作用；其次，存活病例可能改变了生活习惯，降低了某种危险因素的水平；此外，被调查时，患者可能夸大或缩小病前生活习惯上的某些特征。

检出症候偏倚（detection signal bias）患者常常因为某些与致病无关的症状而去就医，提高了早期发现的概率，导致过高地估计暴露的程度。

时间效应偏倚（time effect bias）对于慢性疾病如冠心病、肿瘤等，从暴露危险因素到发病需要一段较长的时间过程。因此，在调查时暴露后即将发病的人或已有早期病变但未能检出的人都有可能被选入对照组，导致结论性的误差。

为了减小上述偏倚，应在研究设计阶段尽可能随机地、在多个医院选择研究对象；在调查时可明确规定纳入标准为新发病例；在病例的收集中延长病例收集时间；在调查中应尽可能地采用敏感的疾病检查手段。

②信息偏倚。信息偏倚（information bias）又称观察偏倚或测量偏倚，是由于测量暴露与结局的方法（或工具）有缺陷所致的误差，主要有回忆偏倚和调查偏倚两类。

回忆偏倚（recall bias）由于被调查者记忆失真或不完整，造成结论的系统误差，其产生与调查时间和事件发生的时间间隔、事件的重要性、被调查者的构成以及询问技术有关。

调查偏倚（investigation bias）病例与对照的调查环境或条件不同，调查技术和质量不高，以及采用仪器设备测定时质量控制不严等，均可产生调查偏倚。

为减少上述偏倚，应充分利用客观的记录资料，选择不易被忘记的重要指标进行调查，并重视问卷的提问方式和调查技巧；尽量使用客观指征，做好调查的质量控制。

3）病例对照研究的优点：病例对照研究有诸多优点：一是可以同时研究多个因素与某种疾病的联系，特别适合于探索病因的研究。对于少见病的病因研究，常成为唯一可行的方法；二是需要的调查对象数目较少，相对人力和物力都较节省，省钱、省时间，能充分利用资料信息，易于组织实施，获得的结果较快，对研究对象一般没有伤害；三是还可用于预防效果评价等方面的研究。

4）病例对照研究的局限性：病例对照研究也有其局限性。它不适于研究人群中暴露比例很低的因素，这样需要很大的样本量；选择研究对象时很难避免选择偏倚，而获得既往信息时又易出现回忆偏倚；信息的真实性难以保证，暴露与疾病的时间先后常难以判断；此外，病例对照研究不能测定暴露组与非暴露组疾病的概率。

（2）队列研究

队列研究（cohortstudy）是指对未患所研究疾病的一群人，根据是否暴露于所研究的病因（或保护因子）或暴露程度而划分成暴露组（或大剂量组）和非暴露组（或小剂量组）两组不同组别，然后在一定期间内随访，观察和比较不同组别的该病（或多种疾病）的发生率如发病率或死亡率。从而判定该暴露因素与疾病发病或死亡有无关联及关联程度的一种分析性研究方法。如果暴露组（或大剂量组）的率显著高于未暴露组（或小剂量组）的率，则可认为这种暴露与疾病存在联系，并在符合一些条件时有可能是因果联系。

图2-2显示队列研究过程示意图。

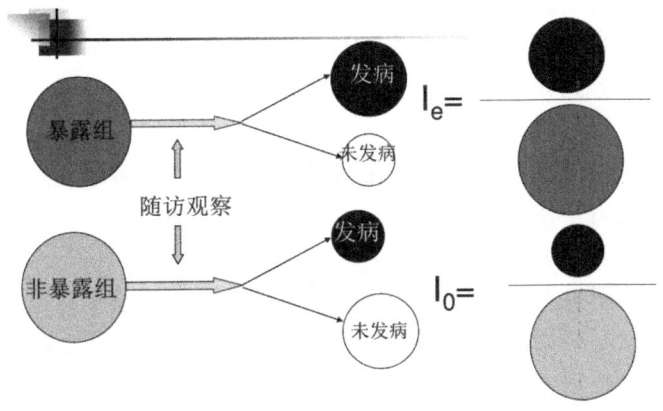

图 2-2 队列研究示意图。

在队列研究中，研究对象根据其受暴露与否，分成暴露组和非暴露组（也称对照组）。暴露人群可选择高暴露人群如职业人群（例如在研究煤尘致肺尘病作用时，选择采煤工人等），特殊暴露人群（如日本长崎、广岛原子弹爆炸的受害者）和一般人群（如在吸烟与肺癌关系研究中，选择吸烟或具有吸烟历史的人群）等。对非暴露组选择的基本要求是其与暴露组成员要具有尽可能高的可比性，即对照组人群除未暴露于所研究的因素外，其他各种因素或人群特征（如年龄、性别、民族、职业、文化程度等）均应与暴露组人群相同或十分相近。

资料的收集主要通过追踪式随访来完成，包括暴露资料、一般人群特征及健康效应资料。暴露资料包括三个内容，即确定暴露的方式（如连续或间断暴露等），开始暴露的时间及暴露程度的资料，资料的来源主要有常规记录、询问调查、医学调查及环境测量。

资料的分析主要通过流行病学的主要效应测量指标相对危险度（relative risk，RR）和归因危险度（attributable risk，AR），即暴露组与对照组之间的危险度比和危险度差来分析。队列研究可以直接计算出研究对象结局的发生率，因而可直接计算 RR 和 AR。

1）队列研究的类型：根据研究对象进入队列的时间以及终止观察的时间不同，队列研究分为前瞻性队列研究、回顾性队列研究和双向性队列研究三类。

①前瞻性队列研究。前瞻性队列研究（prospectivecohortstudy）是队列研究的基本形式，其研究对象的分组是根据目前的暴露状况而确定的，研究结局需要前瞻观察一段时间才能得到。研究者可以直接获得有关暴露与结局的第一

手资料，因而资料的偏倚较小，结果可信。但是，该类研究所需观察的样本很大、观察时间长且花费大。选择前瞻性队列研究的前提是：有明确的检验假设，准确选定检验因素；所研究疾病的发病率或死亡率应较高；明确规定暴露因素，并可获得暴露资料；有明确规定且容易确定的结局变量；有足够的观察人群，而且能清晰地划分为暴露组和非暴露组；大部分观察人群能长期随访下去；有足够的人力、物力和财力。

②回顾性队列研究。回顾性队列研究（retrospectivecohortstudy）又称历史性队列研究，其研究对象的分组是通过研究对象在过去某个时点的历史资料做出的，研究开始时研究的结局已经出现，不需要前瞻性观察。尽管在历史性队列研究中资料的收集方法是回顾性的，但其性质仍属前瞻性观察，是从因到果的。该方法具有省时、省力、短期可以出结果等优点，但也有以前积累的资料不一定符合研究要求的缺点。除队列研究的一般要求外，选择历史性队列研究时应重点考虑有无足够数量且完整可靠地反映研究对象过去暴露和结局的历史记录和档案材料。

③双向性队列研究。双向性队列研究（ambispectivecohortstudy）也称为混合型队列研究，是在历史性队列研究的基础上，继续前瞻性观察一段时间，弥补了上述两类研究各自的不足。

图 2-3 为队列研究类型示意图。

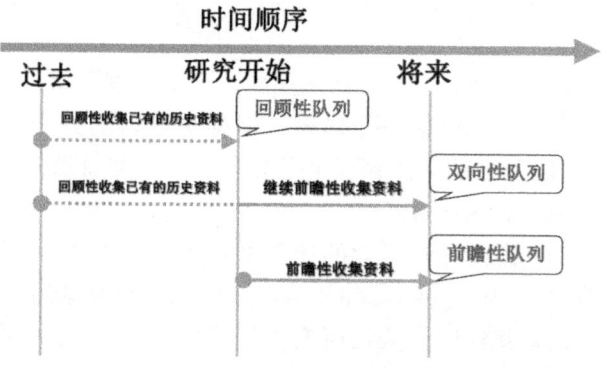

图 2-3　队列研究类型示意图

2）失访（loss of follow up）：由于队列研究观察人数多且观察时间长，研究对象中的某些人会因为对参加研究失去兴趣，或因身体不适终止继续参加研究，或因迁移、死亡等原因退出研究，因而产生失访，因此，队列研究应尽可能选择比较稳定的人群参加，广泛开展宣传，采取简便易行的观察手段，多种来源收集资料及多次反复追访。

3）队列研究的优点：队列研究中的人群定义明确，选择性偏倚较小，暴露因素作用与疾病的时间关系清楚，可直接计算发病率和相对危险度。可同时观察一种暴露与多种疾病的关系，适合评价某种罕见暴露因素对人群的影响。

4）队列研究的局限性：队列研究从方法上来说并不比病例对照法复杂，但工作中存在的问题较多，因为观察人数多，随访过程长、组织工作复杂、开支庞大，所以耗时、耗人力、耗财力，易产生失访，不适合研究罕见疾病。

3. 主要环境流行病学研究方法比较

环境流行病学研究方法各有其优点与缺点，适用于不同情况。

表2-3 比较了三种主要研究方法各自的特点。

表2-3 三种环境流行病学的主要研究方法的比较

项目	现况研究	病例对照研究	队列研究
研究方式	横断面	由果推因	由因及果
研究对象	一般人群或样本	病例组与对照组	未患某病的人群
分组标准	不分组	患病与否	暴露与否
样本大小	大	小	较大
时间顺序	现况	回顾性（从果推因）	前瞻性（从因到果）
比较内容	暴露者的患病情况或患病者的暴露情况	病例与对照过去的暴露情况	暴露者与未暴露者发病或死亡情况
观测指标	现患率，暴露率	暴露百分比	发病率或死亡率
暴露与疾病联系指标	PAR	OR，PAR	危险度，相对危险度RR，率差，PAR，OR，PAR
论证强度	较低	一般	较好
主要偏倚	无应答偏倚	信息偏倚	失访
效率	间短工作量大	省时省力易实施	费时费力
应用特点	描述分布	一病多因	一因多病
试用病种	常见病	常见病或罕见病	常见病

续 表

项目	现况研究	病例对照研究	队列研究
优点	获结果迅速	样本小，获结果快；费用低；无失访；可同时研究一种疾病与多种暴露的关系，筛选病因；可用于少见病研究	暴露资料较正确；可计算发病率及危险度；可同时研究一种暴露与多种疾病的关系；用于检验假设
缺点	因果关系不易确定；仅调查存活者，不适用于病程短和死亡快的病；少见病需调查很大样本，也不适用	样本代表性差，对照选择不易得当；回忆暴露更多偏倚；仅能算 OR	需大样本和长期随访；费用高；失访问题多；不适用于少见病

注：PAR（physical activity ratio），是指个人的新陈代谢中活动消耗的能量比率。

2.3 环境毒理学研究方法

在探讨大气环境与健康的关系时，人们常常需要了解大气污染物在人体内的吸收、分布、转化和排泄特征，污染物的毒作用大小、阈剂量、剂量—效应关系，污染物的靶器官和靶组织，污染物毒作用的基本特征和机理，污染物的特殊毒作用，如致突变、致癌和致畸性，大气污染物对健康影响的早期指标和生物标记物，环境化学物的安全性评价方法等。这些内容的探讨和分析都属于大气环境毒理学的研究范畴。在大气环境与健康的研究中，环境毒理学研究方法与环境流行病学研究方法相辅相成，互为补充。

2.3.1 环境毒理学介绍

环境毒理学（environmental toxicology）是研究环境污染中的物理、化学和生物因素对生物机体，特别是对人体的损害作用及机制、安全性评价以及健康危险度评价的一门科学。环境毒理学属于环境科学的分支学科，融合了生命科学、毒理学和环境科学的内容。同时，它与环境流行病学同属环境医学的组成部分。环境毒理学不仅关注环境污染物对生物体特别是人体的损害作用，而且要研究环境污染物对生物群体、生态系统甚至特定环境下的整个生物社会的损害作用，并根据研究结果制定相应的防范措施。

目前，环境毒理学的研究对象以外源性化学物质为主。外源性化学物质的毒性作用可分为一般毒性作用与特殊毒性作用。一般毒性作用主要包括急性毒性、亚慢性和慢性毒性作用，特殊毒性作用则主要指致癌作用、致突变作用、生殖和发育毒性、内分泌干扰作用等。观察和评价上述毒性作用的方法统称为毒性试验。环境毒理学的研究内容包括以下几个方面。

1）外源性化学物质的毒代动力学（毒动学）特征（包括它们在机体内的吸收、分布、转化和排泄过程及特点）、毒作用机制及特征。

2）外源性化学物质的一般毒性评价方法，主要包括急性、亚慢性和慢性毒性试验。

3）外源性化学物质的特殊毒性评价方法，主要包括致癌性、致突变性、发育及生殖毒性试验。

4）外源性化学物质对人体健康影响的生物标志物（从功能上包括暴露或接触标志物、易感标志物和效应标志物）。

5）外源性化学物质的安全性评价。

6）生物机体暴露后的健康危险度评价。

外源性化学物质对机体的毒性效应，随剂量的增加表现亦不同，从轻微的生理生化改变到中毒甚至死亡。

随着人类对环境污染物认识的不断深入，环境毒理学也有了新的发展趋势。

1）探讨多种环境污染物质同时对机体产生的相加、协同或拮抗等联合作用。

2）研究各种环境污染物及其在环境中的降解和转化产物在环境因素影响下，相互反应所引起的生物学变化。

3）研究致畸作用的机制，完善评价致突变作用的实验方法，找出致癌作用与致突变作用的确切关系。

4）研究环境污染物质对动物神经功能、行为表现以及免疫机能的影响。

5）因为环境污染物质的化学结构同其毒性作用的性质和强度有密切关系，所以深入研究其化学结构，找出规律，做出毒性的估计，并为合成某些低毒化合物提供依据。

6）引入生物化学和分子生物学的最新技术，充分吸收分子生物学的最新成就，使环境毒理学的研究由细胞水平提高到分子水平，进而达到基因水平。例如，研究人类某些基因对环境因子的特定反应。这些对环境因素的作用产生应答反应的基因称为环境应答基因（environmentalresponsegene）。环境应答基因的多态性是造成人群对有害环境因子易感性差异的重要原因；

7）环境化学物质的分析由于新的化学分析方法的不断涌现而更加精确和灵敏。

8）人群调查、生物调查逐渐成为环境毒理学广泛采用的研究方法，当然这些调查结果还需要结合室内研究进行综合分析，去伪存真，才能得出正确的研究结果。

一、大气环境毒理学的概念

大气环境毒理学是研究大气污染物对生物机体，特别是对人体的损害效应及其规律的一门科学。第二次世界大战以来，随着世界人口的增加，工业生产和交通运输的发展以及煤炭、石油等能源利用的增长，各种废气排放量不断增多，进入大气中的有害污染物的量超过了大气自净能力，污染物浓度增高，甚至超出大气卫生标准的要求，对居民的身心健康造成直接或间接甚至潜在的影响或危害。目前，随着新能源的出现，燃料的变化及生产过程的革新，将会出现新的不同类型的大气污染。因此，不断探索大气污染类型的转化，发现新的大气污染物，研究大气污染物对生物有机体特别是人体健康的损害规律，及时提出对大气污染危害的防治对策，保护生态系统功能，保护人类生存发展，进行大气环境毒理学研究显得尤为重要。

二、大气环境毒理学的研究内容

环境毒理学的主要研究对象是对各种生物特别是人类产生危害的各种环境污染物，而其中最主要的研究对象是大气环境化学物质。

大气环境毒理学的主要任务包括：研究大气污染物及其在大气环境中的降解和转化产物对机体造成的损害和作用机制；探索大气污染物对人体健康损害的早期观察指标，即用最灵敏的探测手段，找出大气污染物作用于机体后最初出现的生物学变化，以便及早发现并设法排除；定量评定大气污染物对机体的影响，确定其剂量与效应或剂量-效应关系，为制定大气环境卫生标准提供依据。此外，还要根据大气污染物对其他生物个体、种群和生态系统的危害，研究其损害作用和机制，并制定早期损害指标的防范措施。环境毒理学的最终任务是保护包括人类在内的各种生物的生存和持续健康的发展。

大气环境毒理学的主要研究内容包括大气环境毒理学的基本概念、基本理论和基本研究方法；大气环境化学物质在人体内的吸收、分布、转化和排泄规律；大气环境化学物质及其转化物对人体的一般毒性作用与机制及对人和哺乳动物的各种特殊毒性作用和机制；大气污染物各种毒性的评定方法；大气污染物对人体损害的早期防治对策或措施。

2.3.2　环境毒理学研究方法

环境毒理学的研究方法一般以动物实验研究为主，即观察实验动物通过各种方式和途径接触不同剂量的环境污染物质后出现的各种生物学变化。通过动物实验来观察环境污染物质对生物机体的毒作用，条件容易控制，结果明确，也便于分析，因此是评价环境污染物质毒作用的基本方法。实验动物（laboratory animal）是指经人工培育、对其携带的微生物实行控制，遗传背景明确，来源清楚，可用于科学研究、教学、生产、检定及其科学实验的动物。实验动物的选取一般为哺乳动物如大鼠、小鼠，也可利用其他脊椎动物如猩猩、昆虫以及微生物和动物细胞等。但是，动物与人毕竟有差异，动物实验的结果，不能直接应用于人体，因为实验动物的毒理学实验资料外推到人群接触的安全性时存在着如下不确定性。

1）人和实验动物对外源性化学物质的反应敏感性不同，有时甚至存在着质的差别。

2）高剂量向低剂量外推存在着不确定性；实验动物接触的是高剂量环境污染物质，而暴露人群一般暴露于低浓度污染物中。

3）小数量实验动物向大量人群外推存在着不确定性。

4）成年健康动物向年老体弱及患病人群外推存在着不确定性。

因此，一种环境污染物质经过系统的动物毒性实验后，还必须结合环境流行病学对人群的调查研究结果进行综合分析，才能做出较为全面和正确的估计。

环境毒理学的研究方法因研究目的和对象的不同而异。

1. 一般毒性评价方法

一般毒性试验多是以实验动物为模型的体内试验（in vivo tests），按照染毒时间的不同，可分为急性毒性试验、亚慢性毒性试验和慢性毒性试验。

（1）急性毒性试验

急性毒性（acute toxicity）是指机体（人或实验动物）一次或 24 h 内多次接触外源性化学物质后，在短时间内（一般 4~7 天）所引起的中毒效应，包括死亡效应。急性毒性试验的目的是探明环境污染物质与机体发生短时间接触后所引起的损害作用，找出污染物的作用途径、剂量与效应的关系，并为进行其他各种动物毒性实验提供设计参考。急性毒性作用评价常常是评价外源性化学物质对机体毒效应的第一步。在急性毒性试验中观察到的毒效应类型、可能的靶器官、剂量—反应关系曲线的斜率对于评价外源性化学物质的健康危害有重要价值。

经典的急性毒性试验一般是设一定数量的剂量组，组间有适当的剂量间距，以得到化学物引起死亡的剂量-反应关系，并求得半数致死量（LD_{50}）、半数致死浓度（LC_{50}）或半数有效量（ED_{50}）来表示急性毒作用的程度。

除经典的急性毒性试验方法外，近年来在环境化学物质的安全性评价中，固定剂量法、急性毒性分级法以及上下移动法也开始应用。

（2）亚慢性毒性试验

亚慢性毒性（subchronic toxicity）是指机体（人或实验动物）较长时期接触外源性化学物质所产生的毒效应。亚慢性毒性试验的目的是了解外源性化学物质对机体毒性作用的靶点、可逆性以及获得未观察到有害效应的剂量水平（no observed adverse effect level，NOAEL）。

目前，亚慢性毒作用评价的染毒期限为实验动物寿命的 10%，对于大鼠为 90 d 染毒，狗为 52 周染毒。短于此期限的称为短期重复染毒毒性试验，一般为 14 d 和 28 d。

（3）慢性毒性试验

慢性毒性（chronic toxicity）是指机体（人或实验动物）长期反复接触低剂量外源性化学物质所产生的毒效应。慢性毒性试验的主要目的是探查外源性化学物质长期作用于机体所引起的损害，确定其主要的慢性毒效应及其剂量-反应关系，确定一种环境污染物对机体的最大无作用剂量和中毒阈剂量，为制定环境卫生标准提供依据。如用大鼠试验期限可为 1 年，用狗可为 1~2 年。从科学上和经济上考虑，慢性毒性试验倾向于同致癌试验合并进行。亚慢性毒性试验与慢性毒性试验在试验设计和方法上，除染毒期限的不同外，其他方面基本相同。

为了探明环境污染物对机体是否有蓄积毒作用，致畸、致突变，致癌等作用，随着环境毒理学的不断进展，人们又建立了蓄积实验、致突变实验，致畸实验和致癌实验等特殊的实验方法。

2. 特殊毒性评价方法

外源性化学物质的特殊毒性评价方法，包括致突变试验、致癌试验、致畸试验、生殖毒性和发育毒性试验，以及内分泌干扰作用筛查试验等。

（1）致突变试验

某些环境化学物质作用于生物体细胞的遗传物质后，遗传物质可发生一系列生物学、化学和形态学的变化，造成基因结构改变或遗传物质 DNA 损伤，称之为致突变作用。致突变试验的目的是确定外源性化学物质对生物体是否具有致突变作用，其试验方法有体外基因突变试验、细胞遗传学试验、体内基因突变试验、DNA 损伤试验。

致突变作用常与许多称为遗传毒性致癌物（genotoxic carcinogens）的致癌作用有密切关系，因此，可以利用致突变试验进行致癌物的筛查。各类试验就筛查价值而言，通常越接近于人类的试验系统价值就越高，体内系统高于体外系统，真核微生物系统高于原核微生物系统，哺乳动物高于非哺乳动物。

常用的致突变物检测方法见表 2-4。

表 2-4　致突变物检测方法

终点类型	试验系统水平	试验名称
基因突变	原核微生物	鼠伤寒沙门氏菌回复突变试验（Ames 试验） 大肠杆菌回复突变试验
	真核微生物	酵母正向和回复突变试验 链孢霉菌基因突变试验 构巢曲霉菌基因突变试验 酿酒酵母菌基因突变试验
	昆虫	果蝇伴性隐性试验
	哺乳动物体外细胞	V_{79} 或 CHO 细胞基因突变试验
	小鼠基因突变试验	小鼠生殖细胞特定座位试验 小鼠体内组胞点突变试验
染色体畸变	体外	哺乳动物细胞染色体畸变试验 人体外周血淋巴细胞微核试验 紫露草与蚕豆根尖微核试验
	体内	小鼠骨髓细胞微核试验
	显性致死试验	果蝇显性致死试验 小鼠显性致死试验 小鼠遗传易位试验
DNA 效应	重组与修复试验	枯草芽孢杆菌重组试验 大肠杆菌修复试验 酵母菌体细胞重组

（2）致癌试验

由于致癌物质的作用，使正常细胞转化为癌细胞的过程，称为致癌作用（carcinogenesis）。致癌试验的目的是对某种环境化学物质是否具有致癌危险性进行评价，其对外源性化学物质的致癌性评价方法主要有体外细胞恶性转化试验、动物短期致癌试验以及动物长期致癌试验。

1）体外细胞恶性转化试验：哺乳动物细胞体外恶化转化试验是测试致癌物的一个重要试验方法，它是指利用培养的哺乳动物的正常细胞接触受试化学物质后，观察其转变为具有癌细胞某些特性的试验称为细胞恶性转化试验。它可检出遗传毒性致癌物和非遗传毒性致癌物。此法终点反应更加接近体内肿瘤形成过程，是最近似地模拟体内致癌过程的试验，细胞被恶性转化呈现与肿瘤形成有关的表型改变，包括细胞形态、细胞生长能力、生化特性等变化，以及移植于动物体内形成肿瘤的能力。如恶性转化的细胞偏大，核膜粗厚，染色质深且粗糙等。

2）哺乳动物短期致癌试验：它是在有限的时间内完成的致癌试验，因此其观察的靶器官或组织也限定为一个而不是全部器官和组织，该试验可用于检出遗传毒性致癌物和非遗传毒性致癌物。常用的有小鼠肺肿瘤诱发试验、小鼠皮肤肿瘤诱发试验、大鼠肝转变灶诱发试验、大鼠乳腺瘤诱发试验等。

3）哺乳动物长期致癌试验：是指长期或终生完成的致癌试验。一般小鼠最少 1.5 年，大鼠 2 年，可能时延长至 2~2.5 年。主要观察的指标是肿瘤出现时间、发生部位、数目、性质和大小等。它是鉴定哺乳动物致癌物的标准试验。该试验不仅可以确定致癌性，而且可以确定致癌作用的靶器官。在缺乏流行病学资料的情况下，哺乳动物致癌试验是评价外源性化学物致癌性的主要手段。试验一般选用对致癌物敏感性高、而自发肿瘤率低的动物品系。雌、雄动物都要有，两者的数量相近。染毒方式主要根据人类可能接触的途径设计。

（3）生殖毒性试验

生殖毒性（reproductive toxicity）是指各种环境化学物质对雄性或雌性生殖功能或能力的损害和对后代的有害影响。其毒性表现为外源性化学物质对生殖过程的影响，例如生殖器官发生变化如睾丸萎缩或坏死，内分泌系统发生变化，对性周期和性行为的影响以及对生育力和妊娠结局的影响。生殖毒性可发生于生殖细胞、受精卵、胚胎形成期、妊娠期分娩和哺乳期等时期。

生殖毒性试验也称为繁殖试验，它可以全面反映外源性化学物质对性腺功能、发情周期、交配行为，受孕，妊娠过程、分娩、授乳以及幼仔断奶后生长发育可能产生的影响。评价的主要依据是交配后母体受孕情况（受孕率）、妊娠过程情况（正常妊娠率）、子代动物分娩出生情况（出生存活率）、授乳哺育情况（哺育成活率）以及断奶后发育情况等。

生殖毒性试验的实验动物多选用性成熟大鼠，染毒途径需参照人类实际接触环境化学物质的途径。传统生殖试验采用三代两窝生殖试验法，即动物繁殖三代，每代生育两窝。其目的是通过三代生殖过程观察环境化学物质对遗传过程的影响。近年来提倡两代一窝或一代一窝生殖试验法。常用的观察指标有受孕率、正常分娩率、幼仔出生存活率、幼仔哺育成活率等四个指标，此外，还应对出生幼仔或死亡幼仔是否存在畸形进行检查。

（4）致畸试验

致畸作用（teratogenic effect）是指能作用于妊娠母体，干扰胚胎的正常发育，导致先天性畸形的毒作用。致畸试验是检查环境化学物质能否通过妊娠母体引起胚胎畸形的动物试验。其目的是确定一种环境化学物质是否具有致畸作用，诱发何种畸形以及出现畸形的主要器官，确定最大无作用剂量（是指化学物质在一定时间内，按一定方式与机体接触，用现代的检测方法和最灵敏的观察指标不能发现任何损害作用的最高剂量）和最小有作用剂量，即阈剂量（是指接触某种毒物引起受试动物产生异常生理、生化等反应或潜在的病理学改变的最小剂量）。致畸试验结果常用的评价指标有活产幼仔平均畸形出现率（说明活产幼仔平均出现畸形的水平）、畸胎发生率和母体畸胎出现率（说明某种受试物致畸性的强度）等。

致畸试验一般选用两种哺乳动物，首选大鼠，此外可选用小鼠或家兔。大鼠作为致畸试验的首选动物，是因为以下几方面。

1）对大多数环境化学物质而言其代谢过程与人类近似。

2）受孕率高，每窝产 8~10 只，易于获得所需的样本数。

3）胎仔大小适中。

但大鼠也有不足之处，它对环境化学物质的代谢速率较快，故对致畸物易感性较低，出现假阴性；其胎盘构造也与人类有一定差异。

致畸试验的剂量分组很关键，一方面要找出最大无作用剂量和致畸阈剂量，另一方面要求不影响母体生育能力，避免和减少大批流产胚胎死亡、母体死亡。

（5）发育毒性试验

发育毒性（developmental toxicity）是指有害因素干扰母体宫内的胚胎及胎儿的发育过程，影响其正常发育的作用，包括在胚期和胎期诱发或显示的有害影响以及在出生后诱发和显示的有害影响。其毒性表现在发育生物体死亡、生长迟缓、功能发育不全、结构异常。发育毒性与生殖毒性关系密切，但不同研究者对其研究的侧重面有所不同，是环境化学物质对整个生殖、繁殖过程中不同阶段和不同靶部位的影响。发育毒性试验的目的是对外源性化学物质的发育毒性评定，主要是通过致畸试验进行。

（6）内分泌干扰作用筛查试验

内分泌干扰物质（endocrine disrupting chemicals）是指通过干扰生物体或人体内保持自身平衡和调节发育过程天然激素的合成、分泌、运输、结合、反应和代谢等，从而对生物或人体的生殖、神经和免疫系统等的功能产生影响的外源性化学物质。USEPA内分泌干扰物筛选和测试咨询委员会建议采用成组试验进行内分泌干扰作用筛查，分为两阶段评价外源性化学物的内分泌干扰活性。两阶段筛查的基本内容具体如下。

第一阶段筛查试验的目的是检测受试化学物质是否具有雌激素、雄激素以及甲状腺素活性。第一阶段的试验结果结合构效关系等文献资料，决定受试物是否需要进行下一阶段的试验。第一阶段筛查实验可分为体外试验和体内试验两类。

1）体外试验（in vitro test）：包括雌激素受体试验、雄激素受体试验和类固醇激素合成抑制试验。

2）体内试验（in vivo test）：包括啮齿类动物3天子宫肥大试验、啮齿类动物20天性成熟试验、啮齿类动物5~7天Hershberger试验、蟾蜍变态试验、鱼类生殖恢复试验。

第二阶段筛查试验的目的是确定受试化学物质是否具有与自然激素类似的生物学效应特征。

1）哺乳动物的试验：一般采用经口给予大鼠、小鼠受试物，观察染毒动物及其子代的行为活动、受孕率、子代动物的雌雄比例、有无雌性化或雄性化，生殖组织以及其他组织的改变等。

2）其他动物的试验：包括鸟类、鱼类、甲壳动物、两栖类的生殖试验。鸟类生殖试验：一般使用两种鸟类，染毒后观察鸟类的排卵、卵壳厚度，孵化率以及幼鸟孵化后的存活天数；鱼类的试验：给鱼的受精卵染毒后，连续300天以上观察受试物对鱼的发育、生长、生殖及其子代的影响；甲壳动物的试验：染毒后观察受试物对甲壳动物发育、生长、有性生殖的影响；两栖类动物的发育生殖试验：给予蟾蜍蝌蚪受试物，观察对其变态的影响。

思考题

1. 试述剂量—反应关系与剂量-效应关系的区别和联系。
2. 试述健康效应谱在大气环境健康学研究中的作用。
3. 环境流行病学研究方法主要有哪些？
4. 试比较环境流行病学主要研究方法的优劣。
5. 试述环境毒理学研究的发展趋势。
6. 环境毒理学研究方法主要有哪些？

3 大气污染物的健康危害

　　大气污染是影响人体健康的一个主要环境风险因素。机体与大气环境不断进行着气体交换来维持基本生命活动。因此，空气是否清洁和有无有毒成分，对人体健康有很大影响。近年来，越来越多的国内外流行病学及相关研究表明，长期或短期暴露于大气污染与人群健康之间存在显著的相关关系。据世界卫生组织 2016 年统计数字显示，在全球范围内城市、郊区和农村地区的空气污染估计导致全世界 420 万人过早死亡，而且这些过早死亡中约 91% 发生在低收入和中等收入国家中。大气污染物按照其存在形态可分为颗粒态和气态污染物两种。本章主要介绍了颗粒态污染物的基本性质、其沉积和清除机制、对城市能见度的影响以及由此引起的对人群心理健康的影响，重点阐述了颗粒态污染物对人体的健康影响效应、毒理作用机制以及气态污染物的健康影响。

3.1　颗粒物概况

　　如第一章所述，空气中的颗粒物质（airborne particulate matter，PM）分为降尘和总悬浮颗粒物（total suspended particles，TSP，空气动力学直径小于等于 $100\mu m$）。在 TSP 中，将空气动力学直径小于等于 $10\ \mu m$ 的称为可吸入颗粒物（inhalable particles，IP，也称为 PM 10）。PM 10 又可分为粗颗粒物（coarse particles，PM 10 ~2.5，空气动力学直径为 $2.5\sim10\ \mu m$）和细颗粒物（fine particles，PM 2.5，空气动力学直径小于等于 $2.5\ \mu m$）。随着对大气颗粒物研究的深入，研究人员逐渐认识到与 TSP 和 PM 10 相比，PM 2.5 具有更大的比表面积和更强的吸附性，因此其上更易于富集空气中的有毒重金属、酸性氧化物、有机污染物、微生物等，对人体健康的影响更大。例如，世界卫生组织就曾声明在心肺疾病死亡的队列研究中存在有力证据证明相较于其他粒径更大的颗粒物，PM 2.5 对人体健康具有更严重的危害。我国在 2012 年颁布的《环境空气质量标准》（GB3095-2012）中规定了 PM 2.5的标准，其中二级标准中规定 24h 平均值为 0.075 mg/m³，年平均值为 0.035 mg/m³。在 PM 2.5中粒径小于等于 0.1 μm 的超细颗粒物（ultrafine particulate matter，PM 0.1或 UFP）在空气中的停留时间更长。由于其在数量浓度和比表面积上的优势性以及在肺部沉积率较高等特点，因此 PM 0.1更易吸附一些对人体健康有害的物质（比如氧化性气体、有机物、过渡金属等）。从这个角度出发，PM 0.1可能会成为未来流行病学及毒理学研究和防治的重点。

　　大气环境中颗粒物的来源分为自然源和人为源。自然源是指由于火山爆发的火山灰、森林火灾的废气、海盐（海岸城市）、扬尘、植物花粉和菌类孢子等自然因素所产生的颗粒物。人为源是指在人类生产和生活活动中所产生的颗粒物，如煤炭、石油、天然气等燃料燃烧，工业生产、交通工具的废气排放以及垃圾焚烧、大气中的化学反应产生的二次污染等。颗粒物来源不同，其形态各异。燃煤排放的颗粒物多是灰褐色，形似球形且较平滑；燃油排放的颗粒多呈黑色，凹凸不平；冶金工业排放的颗粒呈红褐色，形状不规则且具金属光泽；建筑工业排放的水泥尘多呈灰色。

　　根据我国历年的大气环境公报分析，颗粒物一直是影响我国城市空气质量的首要污染物。例如，2017 年在我国 338 个地级及以上城市中，70.7%的城市环境空气质量超标。338 个城市中以 PM 2.5为首要污染物的天数占重度及以上污染天数的 74.2%，以 PM 10为首要污染物的占 20.4%，以 O_3 为首要污染物的占 5.9%。颗粒物的污染已成为我国城市环境空气的首要污染，其造成的公共健康风险应引起我国政府及公众的高度重视。

3.1.1　颗粒物健康危害的影响因素

　　影响大气颗粒物健康危害的因素有很多，其中主要有颗粒物的质量（或数量）浓度、粒径大小及化学组成。颗粒物浓度越大，暴露时间越长，则对机体的危害程度越大。颗粒物的粒径越小，颗粒物在大气中的稳定程度就越高，沉降速度也越慢，被吸入呼吸道的概率就越大。粒径的大小还决定了颗粒物在呼吸系统中的沉积部位和沉积量（见图 3-1）。粒径越小，进入呼吸系统的部位就越深。粒径为 5~10 μm 的颗粒物多被阻滞在上呼吸道，粒径小于 5 μm 的颗粒物多进入细支气管和肺泡，粒径小于 2.5 μm 的颗粒物几乎全部进入肺泡，粒径小于 1 μm 的颗粒物在肺泡的沉积率最高，对人体的危害也最大。而其中的超细颗粒物甚至能穿透肺泡进入人体血液循环系统中从而导致心脑血管疾病的发生。

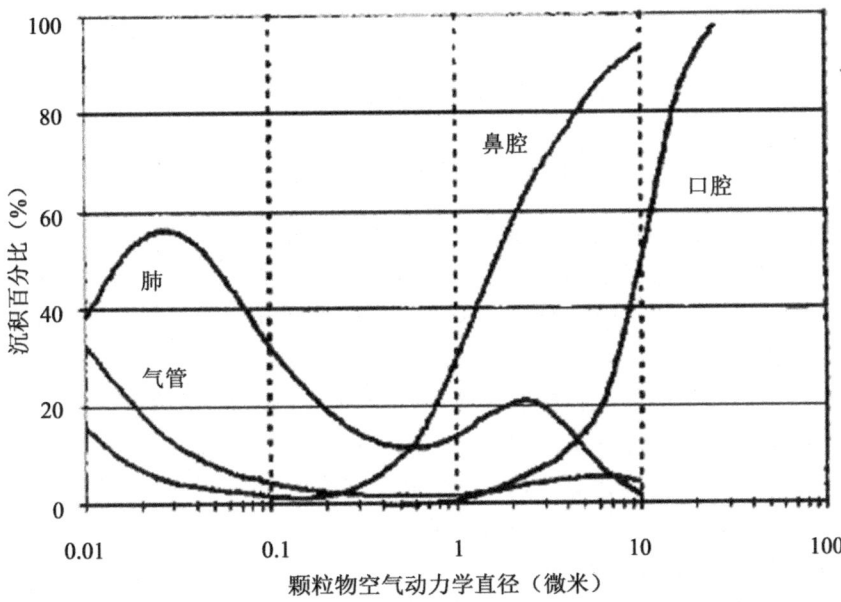

图 3-1 正常呼吸状态下不同粒径的颗粒物在人体呼吸系统的沉积状况

颗粒物的化学组成较为复杂，多达数百种，主要分为无机组分和有机组分两大类。颗粒物中的有害成分在机体内都有累积性，其中对人体健康危害较大的是有机组分，其包括碳氢化合物，羟基化合物，含氮、氧、硫的有机化合物，有机卤化物等。有机物中的多环芳烃（PAH）以及多种硝基多环芳烃（由大气中 PAH 与氮氧化物反应生成，也可在燃料燃烧中产生），多富集在粒径较小的颗粒物上，这些化合物均有致突变、致癌性，从而增加了颗粒物的毒作用。其次，无机组分包括硫酸盐，硝酸盐、含碳颗粒、重金属（如铅、铬、镍、镉、铁、铜）等。例如，铅在人体内积累到一定程度就会影响人体的生理机能和造血机能。

颗粒物作为一种来源复杂的固体或液体混合物，来源不同，其健康影响也不同。美国的一项研究表明，交通来源的 PM 2.5 对死亡率的影响大于燃煤来源的 PM 2.5，而来自土壤、岩石等的 PM 2.5 与人群死亡率的变化无关。

此外，颗粒物的健康影响程度还与人群的暴露时间、个体素质等因素有关。对于老年人、儿童以及心肺疾病患者等易感人群来说，无论是短期暴露于高浓度颗粒物还是长期暴露于低浓度颗粒物中，颗粒物都更易在这些人群体内聚集，对人体健康产生更大危害。例如，Kan 等（2008）例证了大于 65 岁的老年人对大气污染暴露更为敏感。李芳等（2009）总结了大气颗粒物对儿童生长发育等的影响及其机制，由于儿童特有的生理机能和生活习性，导致儿童更易受到颗粒物的损害，比如呼吸系统症状增加，免疫力下降，生长发育受阻等。

最后，颗粒物的健康影响还与气温、气湿等气象因素有关。

3.1.2 颗粒物的清除与沉积机制

进入呼吸道的颗粒物在人体呼吸系统中的传输、沉积或清除是个复杂的过程。这一方面与呼吸系统的结构及生理过程复杂有关，另一方面与系统内部同时存在空气流动有关。颗粒物在呼吸系统中的沉积和清除机制分别讨论如下。

1. 沉积机制

颗粒物在人体中的沉积是造成多种呼吸疾病发生或加重的原因之一。颗粒物在呼吸道的沉积机理（deposition mechanism）包括截留、惯性冲击、重力沉降、布朗扩散和静电沉淀等。颗粒物沉积的各种机理不可分割，某些粒径的颗粒物可能存在几种沉积方式交替或交叉的现象。

（1）截留（intercept）

截留主要发生于纤维状颗粒物。这种纤维状颗粒物进入呼吸道后其纤维边缘有可能接触呼吸道表面，从而被截留并在呼吸道表面沉积下来。纤维状颗粒物的长度是发生截留的主要影响因素，其长度与直径之比应达到 10 以上。

（2）惯性冲击（inertia impact）

在气管及前面的支气管中，气流速度较大。当呼吸道的方向突然发生改变时，较大粒径（质量较大）颗粒物因惯性作用不能随着气流继续前进而在呼吸道表面沉积。一般来说，空气动力学直径大于 2 μm 的颗粒物大多在气管或前面支气管因惯性碰撞而沉积。

（3）重力沉降（gravitational sedimentation）

重力沉降多发生于细小呼吸道分支以及气流速度较慢的部位。颗粒物在进入呼吸道过程中，随着呼吸道管腔的逐渐变小，气流速度也变得较小，粒径较小的颗粒物如空气动力学直径为 0.2~5.0 μm 的颗粒物会由于自身的重力作用而在呼吸道表面逐渐沉降下来。

（4）布朗扩散（brownian diffusion）

到达肺泡深处的超细颗粒物在布朗运动的作用下与呼吸道表面不断发生碰撞而慢慢沉积。当颗粒物在运动中所发生的位移与呼吸道空间大小成一定比例时，颗粒物可以通过扩散而在呼吸道沉积，扩散的发生与颗粒物空气动力学直径相关，一般来说，粒径为 0.1~0.5 μm 的颗粒物容易通过扩散而在呼吸道沉积。

（5）静电沉淀（electrostatic precipitation）

空气中作布朗运动的各种离子会和颗粒物发生随机碰撞，这样颗粒物就会携带一定数量的电荷。携带同性电荷的颗粒物相互排斥，将彼此推向呼吸道表面，从而增加颗粒物的沉积。静电沉淀机制主要与颗粒物携带的电荷有关。电荷对颗粒物沉积的作用与颗粒物直径大小、空气流动速率成反比。与其他沉积机理相比，静电沉积作用很小。

颗粒物粒径大小是颗粒物沉积的主要影响因素，其他如潮气容积（是指平静呼吸时，每次吸入或呼出的气体量）、呼吸频率等呼吸情况也会影响颗粒物在肺组织的沉积量。试验证明颗粒物在呼吸系统的沉积量在特定的气体流速情况下随着潮气容积的升高而增加，在呼吸时间固定不变时随着气体流速的加快而增加。评估颗粒物在人体呼吸系统的宏观沉积状况可采用某区域的颗粒物沉积效率（deposition efficiency）和沉积分数（deposition fraction）来表示。

2. 清除机制

颗粒物在人体呼吸系统中最终沉积量还受到呼吸系统清除机制的影响。从功能上人体呼吸系统分为传导区和呼吸区两个区。根据呼吸系统的功能分区，其对颗粒物的清除机制（clearance）分为纤毛清除机制和肺泡清除机制。不同部位肺组织清除大气颗粒物的机制见表3-1。

表3-1 肺组织不同部位清除颗粒物的机制

肺组织不同部位	颗粒物清除机制
胸外呼吸道（鼻咽部）	黏液-纤毛系统清除；打喷嚏 鼻腔分泌物及通过鼻腔的气流 血液系统的溶解和吸收
气管支气管	黏液-纤毛系统清传送 吞噬细胞/上皮细胞的内吞作用 咳嗽 淋巴/血液系统的溶解和吸收
肺泡	巨噬细胞/上皮细胞的内吞作用 淋巴/血液系统的溶解和吸收

（1）纤毛清除机制（mucociliary clearance）

在鼻咽部沉积下来的颗粒物一部分可以通过黏液-纤毛系统排出体外，也可以通过黏液—纤毛系统向气管支气管传送，其可溶性物质也可以直接被血液吸收，此外还可以通过吞噬进入消化道。

呼吸道上段至终末支气管范围内主要通过黏液—纤毛系统清除颗粒物，呼吸道的这一区段表面被纤毛覆盖并能分泌黏液，纤毛间隙充满了黏液，并将纤毛淹没，纤毛可在黏液中自由摆动，通过纤毛的快速摆动可将黏液由呼吸道深部驱向呼吸道上端进口。这一过程较为迅速，吸入肺部的颗粒物在24h内可全部被清除。但是如果纤毛受损或在其他内外因素影响下，清除速度将减慢。如在炎症和吸烟的情况下，某些颗粒物在呼吸道表面沉积停留时间将延长，对机体造成损害的可能性增加。

（2）肺泡清除机制（alveolar clearance）

在呼吸系统的呼吸区，进入肺泡的颗粒物可通过下列途径而被清除：①被肺组织中的体液增溶并被吸收；②被肺泡中的巨噬细胞所吞噬；③在肺泡表面被黏液—纤毛运动清除；④进入细胞间质和淋巴系统。其中主要依靠肺泡表面大量的吞噬细胞（alveolar macrophages）的吞噬作用。

总而言之，颗粒物可以通过各种途径进入血液系统或淋巴系统，并由此到达肺外器官，从而对全身系统产生潜在的健康影响。颗粒物在肺泡部位的可能清除途径见图3-2。

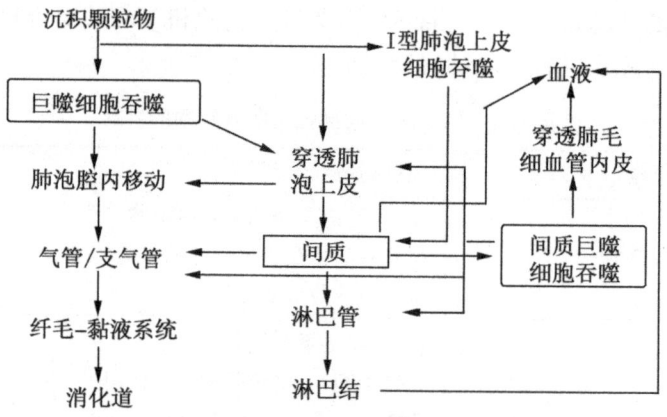

图 3-2　颗粒物在肺部部位的可能消除途径

3.2　颗粒物的健康影响

近20年，研究人员对颗粒物的健康影响作了大量的流行病学调查和毒理学实验，颗粒物与人体健康的关系越来越受到多方的关注。下面我们就从颗粒物影响不同机体系统功能的角度做详尽阐述。

3.2.1　对呼吸系统的影响

呼吸系统是大气污染物直接作用的靶器官。呼吸系统由呼吸道和肺两部分组成，其中呼吸道分为上呼吸道（包括鼻、咽、喉）和下呼吸道（包括气管、主支气管）。许多流行病学研究表明，随着大气颗粒物浓度水平的上升，城市中人群肺炎、气喘、肺功能明显下降等急性呼吸系统疾病的发病率和死亡率将增加，而鼻炎、慢性咽炎、慢性支气管炎等慢性呼吸系统疾病的发生或者症状加重也与颗粒物有关。

美国早期在 90 个城市中曾开展了全国人口发病率和死亡率与大气污染关系的项目（National Morbidity, Mortality, and Air Pollution Study, NMMAPS）（Samet J M, 2000），研究结果表明居住在不同城市的 65 岁及以上人群因慢性阻塞性肺疾病而死亡的人数和住院人数与 PM 10 呈正相关。美国加州一项为期 10 年的调查表明，慢性支气管炎的发生与 PM 2.5 浓度长时间超过 20 $\mu g/m^3$ 有关。亚洲公共卫生与空气污染项目（Public Health and Air Pollution in Asia, PAPA）（Wong C. -M, 2008）研究表明 PM 10 每增加 10 $\mu g/m^3$，呼吸系统疾病死亡增加的风险为 0.58%（95%CI：0.22%，0.93%）。

国内从 20 世纪 90 年代开始开展大气污染短期暴露的健康影响的研究。Shang 等（2013）对我国 33 个大中型城市进行 meta 分析，分析结果得出 PM 10 每增加 10$\mu g/m^3$，非意外总死亡、呼吸系统疾病死亡增加的风险分别为 0.32%（95%CI：0.28%，0.35%）和 0.32%（95%CI：0.23%，0.40%）。马严军等（2011）研究北方城市沈阳大气 PM 2.5 对居民死亡的影响后，发现 PM 2.5 每增加 10 $\mu g/m^3$，总死亡和呼吸疾病死亡分别增加 0.49%（95%CI：0.19%，0.79%）和 0.97%（95%CI：0.01%，1.94%）。杨春雪等（2012）对南方城市广州进行了类似的研究，得出 PM 2.5 每两日均浓度增加 10 $\mu g/m^3$，相应的总死亡和呼吸疾病死亡分别增加 0.90%（95%CI：0.55%，1.26%）和 0.97%（95%CI：0.16%，1.79%）。上述研究结果均显示出 PM 与居民日死亡关系密切。

进入呼吸系统的颗粒物通过自身的腐蚀刺激作用及附着其上的化学有害成分（如重金属、PAH 等）的毒性作用引起肺组织的炎症反应。肺部的炎症反应是机体清除颗粒物的一种正常的防御机制。它通过活化免疫细胞、增强吞噬细胞功能以及各种细胞因子的互相调节，使肺组织调动各种各样的手段清除颗粒物，同时达到修复组织损伤的目的。但是，大剂量或长时间暴露于颗粒物会发生严重而持久的炎症反应，肺组织的炎症负担加重，造成恶性循环，引起组织增生和纤维化，甚至导致肺癌等严重后果的发生。

颗粒物引起的肺部炎症主要表现在：炎症细胞如吞噬细胞等数目增多，并大量向呼吸道和肺泡腔内流入；各种标志细胞损伤的酶如乳酸脱氢酶（LDH）分泌水平增高；各类细胞因子如 α（TNF-α）等分泌水平增高；肺组织细胞遭到损伤，变形、坏死、凋亡。

3.2.2 对心血管系统的影响

大量流行病学研究表明，颗粒物暴露是人体发生和加重心血管疾病的危险因素。美国 NMMAPS 项目研究表明 65 岁及以上的人群因心血管疾病而死亡的人数和住院人数与 PM 10 呈正相关关系。PAPA 项目研究表明 PM 10 每增加 10 $\mu g/m^3$，心血管疾病死亡增加的风险为 0.62%（95%CI：0.22%，1.02%）。哈佛大学公共卫生学院的研究人员将 870 例深静脉血栓患者与 1210 例无深静脉血栓者对照，发现前者 PM 10 暴露水平更高，危险性更大，患者暴露于高浓度颗粒物后凝血时间缩短。Kan 等（2008）利用比例有害回归模型研究了美国四城市交通污染暴露与冠心病之间的关系。Liao 等（2010）发现 PM 2.5 对心室复极化有急性效应。Ito 等（2011）利用泊松时间序列模型研究得出纽约市 PM 2.5 中的化学成分与心血管疾病的住院人数和死亡人数相关。Guo 等（2010）分别采用时间序列研究和病例交叉对比研究两方法对天津市大气污染对心血管死亡的短期暴露健康效应研究。马严军等（2011）研究发现北方城市沈阳 PM 2.5 每增加 10 $\mu g/m^3$，心血管死亡增加 0.53%（95%CI：0.，09%，0.97%）。杨春雪等（2012）做类似的研究得出广州 PM 2.5 每两日均浓度增加 10 $\mu g/m^3$，心血管死亡增加 1.22%（95%CI：0.63%，1.68%）。Li 等（2011）将颗粒物作为外加干扰因素后研究温度与心血管疾病死亡之间的关系。Yeatts 等（2012）利用带有空间协变量矩阵结构的线性混合模型分析了 PM 2.5～10 对人体心速、血脂等健康指标的影响。

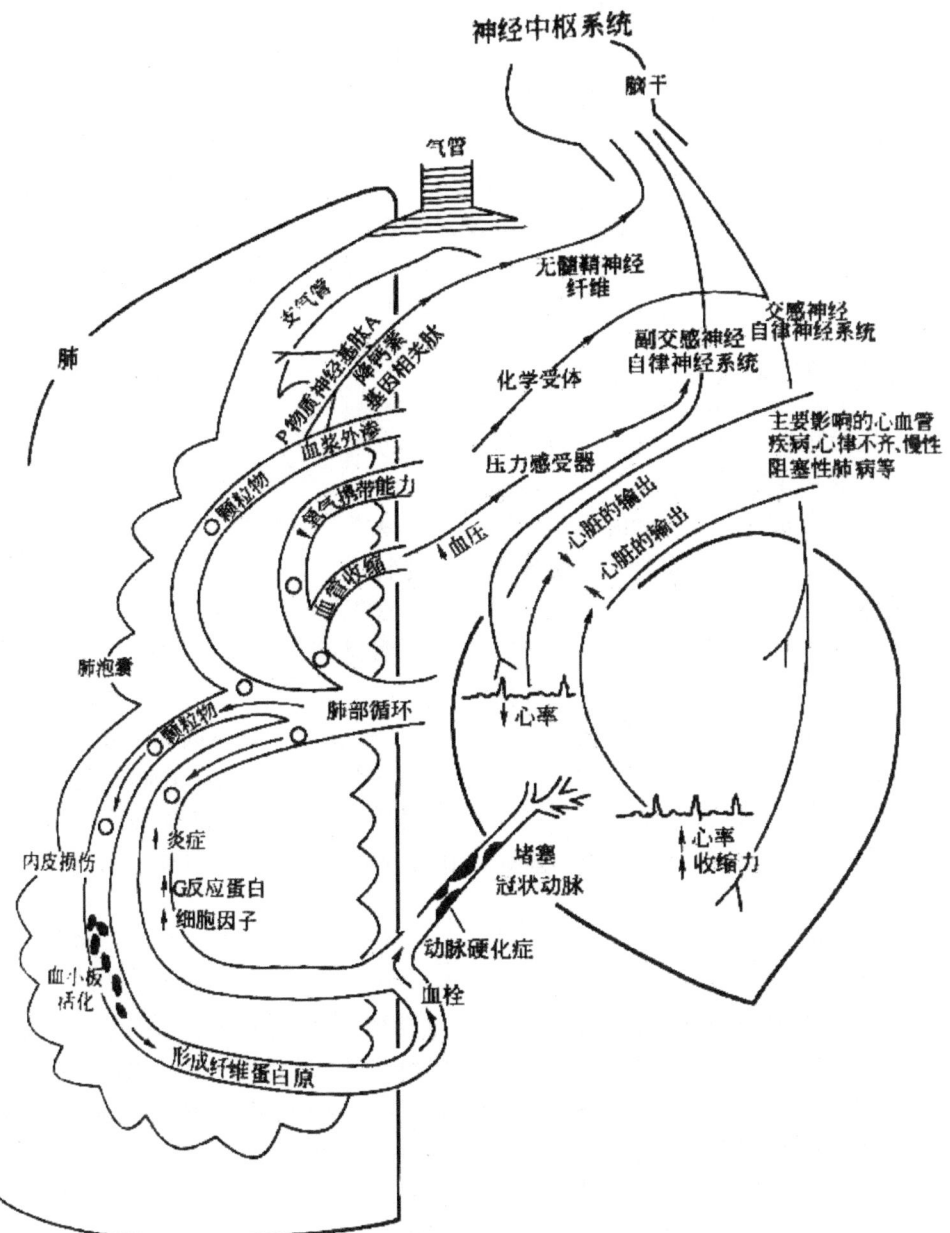

图 3-3 颗粒物对心血管系统影响的可能机制

颗粒物对心血管系统影响的可能机制见图 3-3，其主要分为直接作用和间接作用。直接作用是指颗粒物进入血液循环系统，直接改变血液的生化成分，造成上皮细胞的损伤，导致血小板活化，引起凝血级联反应，破坏凝血系统的凝血和溶血平衡，使平衡倾向凝血方向，血小板、纤维蛋白原、凝血因子Ⅶ等凝血成分水平升高，同时增加机体产生促进动脉粥样硬化发生的物质，如 C 反应蛋白以及各种细胞因子等；间接作用是指颗粒物通过神经系统如交感神经/副交感神经间接作用于心血管系统。颗粒物含有的一些有害物质可以导致血管收缩和血液成分改变，这些变化可以被血管中的压力感受器或化学感受器所感应，引起相应的神经冲动，进而破坏交感神经/副交感神经之间的平衡，这种功能紊乱将导致一系列心血管生理指标的改变，如心律异常和其他心电图指标的改变等。

3.2.3　对免疫系统的影响

颗粒物具有免疫毒性，可引起机体免疫功能下降。机体免疫系统是由参与免疫的细胞和分子构成，其相应指标的变化在一定程度上反映了颗粒物对免疫系统的损伤和对机体健康的影响。例如，溶菌酶是一种可溶解多种革兰阳性和阴性细菌的碱性蛋白质分子，是构成机体非特异性免疫功能的因素之一。IgA 是机体黏膜防御系统的主要成分。在颗粒物污染严重的地区，居民的唾液溶菌酶和免疫球蛋白分泌型 IgA（sIgA）含量会明显降低，说明了机体免疫功能受损。

颗粒物对免疫系统的损伤是多效应的。颗粒物通过直接或间接作用抑制参与非特异性免疫反应的细胞如自然性杀伤（NK）细胞、AM 吞噬细胞，参与特异性免疫反应的细胞主要是淋巴细胞，包括 T 淋巴细胞和 B 淋巴细胞的各种功能，使它们无法发挥免疫监视能力和抗肿瘤作用，导致机体非特异性和特异性免疫力下降。

流行病学研究表明，颗粒物的暴露还将增加鼻炎、哮喘等呼吸系统过敏性疾病的发生。例如，吸附 SO_2 的颗粒物是一种能引起支气管哮喘发作的过敏反应原，日本四日市哮喘公害病就是例证。过敏性疾病发病机制可能是：颗粒物可以直接作用于免疫细胞，也可以通过诱导形成肺部炎症环境从而诱导呼吸系统过敏性疾病的发生；颗粒物可以对超敏反应起辅助作用并可充当过敏源的佐剂，提高机体对过敏原的反应程度；颗粒物可作为过敏源的载体，携带过敏源向呼吸系统深处转运并在肺组织中沉积；颗粒物还可以引起肺部的炎症反应并改变肺部的微环境来增加机体对过敏原的反应。

颗粒物的暴露不仅使肺部遭受损伤和感染，而且由于颗粒物可以通过各种途径进入血液循环系统，从而对全身的免疫系统产生潜在影响。免疫系统的损伤可以使机体正常的免疫反应下降，使机体对感染和伤害的抵抗能力减弱，甚至不能对恶性转化细胞进行有效的识别。颗粒物还可以进入肺外器官，对系统免疫产生潜在影响。事实上，肺部免疫损伤与系统免疫损伤密不可分，相辅相成。

3.2.4 致突变、致癌性

1. 致突变性

颗粒物具有一定的致突变作用。长期暴露于颗粒物可引起染色体、DNA、基因等生物体细胞遗传物质发生改变。颗粒物在染色体水平的遗传毒性主要是导致染色体畸变，即染色体结构异常。颗粒物对细胞染色体的遗传毒性常采用微核试验，它是用来检测染色体损伤和染色体分离异常的一种方法。PM 2.5 对细胞 DNA 的损伤常采用 SOS 显色、姊妹染色单体交换（SCE）、程序外 DNA 合成（UDS）和单细胞凝胶电泳（SCGE）等试验进行检测。比如，初步证实煤烟颗粒物能够造成肺 II 型细胞的 DNA 损伤，且 DNA 双链交联的形成和单链的断裂是其导致 DNA 损伤的两种重要方式。基因是具有特定遗传功能的 DNA 片段，颗粒物可作用于细胞基因组，使基因发生突变，影响基因产物及其功能的表达。研究人员多采用 Ames 试验对颗粒物有机提取物的致突变性进行研究，研究表明不同国家和地区的颗粒物有机提取物，均有不同程度的致突变性，且以移码突变为主。

2. 致癌性

大气颗粒物内含有各种直接致突变物和间接致突变物，比如以苯并芘为代表的多环芳烃及其氧化代谢产物硝基多环芳烃（NPAHs）。这些致突变物可以损害遗传物质，干扰细胞的正常分裂，同时破坏机体的免疫监视功能，从而引起癌症。国内外大量流行病学调查表明，随着大气污染的加剧，肺癌的发病率和死亡率的上升与长期吸入 PM 有关。C. Arden Pope 等（2002）对 50 万例数据进行分析，在控制了年龄、性别、烟酒等个人危险因素之后，得出居民长期生活在污染空气中，空气中的 PM 2.5 每增加 10 $\mu g/m^3$，肺癌致死的危险就增加 8%。Mu 等（2013）采用无条件逻辑回归模型研究不同粒径颗粒物与肺癌的关系，发现室内空气 PM_1 每增加 10 $\mu g/m^3$，患肺癌的危险就增加 45%，而且不吸烟的女性患肺癌的风险与导致室内空气污染的多种状况有密切关系，比如不吸烟女性常常处于被动吸烟的工作环境中，做饭燃烧石化燃料等。

颗粒物成分复杂，含有多种致癌物和促癌物。比如在颗粒物中检测到的 30 多种多环芳烃及其衍生物致癌性非常强。此外，颗粒物上附着的无机元素如砷、铍、镍、铬等也已确认对人体具有致癌作用。颗粒物的致癌作用机制可能是颗粒物的化学组分直接损害遗传物质而导致癌基因激活、抑癌基因失活、遗传物质改变，进一步导致癌症。分子生物学研究表明，正常细胞中原癌基因的表达受到严密控制，不引起恶变，只有当其被激活时，才能导致细胞的恶性转化，因此肿瘤的发生与相关癌基因的激活和抑癌基因的失活有关。有学者用免疫组化方法，在暴露于含有细颗粒物的空气污染物的人鼻上皮细胞中检测出 $p53$ 蛋白（$p53$ 基因突变的表达产物），从而揭示出长期暴露于空气污染物可引起 $p53$ 基因突变。有些研究发现 PM 10 可以抑制体外细胞间隙连接通讯（GJIC），从而提示出 PM 10 可能在癌症的发生过程中起促进作用。

3.2.5　对生殖发育的影响

颗粒物具有一定的生殖毒性。例如，富含重金属铅、镍、汞、镉等的颗粒物随着血液循环进入人体的生殖系统，会直接或间接危害生殖系统。研究表明，PM 2.5 作用于生殖系统，会引起睾丸组织内的各种氧化酶活性降低等症状，导致各类生殖系统疾病的发生，致使生殖能力下降。

此外，颗粒物还有一定的发育毒性，可以在妊娠早期就对胎儿产生致毒效应。怀孕早期的孕妇暴露于颗粒物，可延迟子宫内胎儿生长、影响胎儿发育、导致生殖能力的下降。PM 2.5 中含有多环芳烃等有毒物质，在妊娠过程中可通过母体直接传输给胎儿，严重时会导致胎儿死亡率增加。对围产儿、新生儿而言，大气颗粒物的浓度与其死亡率上升、低出生体重及先天功能缺陷具有显著统计学相关性。美国的一项研究表明，PM 10 日平均增加 10 $\mu g/m^3$，会导致婴儿早产死亡率增加 1%。无论是煤烟型污染为主的城市，还是交通型污染为主的城市，都存在上述死亡率的改变。

3.2.6　对其他系统的影响

290~315 nm 波长的紫外线能使皮肤中的 7-脱氢胆固醇转变成维生素 D，有抗佝偻病的作用。颗粒物吸收和散射太阳辐射，又是水汽发生凝结的核心，严重时往往形成雾和霾等气象学现象，减弱太阳辐射。0.5~0.8 mg/m^3 的颗粒物能降低太阳辐射 40% 左右，尤其能吸收紫外线，减弱紫外线强度，使城市中的紫外线一般比农村低 10%~25%。故在颗粒物污染严重的地区儿童所受的紫外辐射量减少，妨碍了体内维生素 D 的合成，使钙磷代谢处于负平衡状态，造成骨钙化不全，使佝偻病的发病率增高。

带有铅的小颗粒物（粒径 1 μm 及以下）在肺内沉积后极易进入血液系统，大部分与红细胞结合，小部分形成铅的磷酸盐和甘油磷酸盐，然后进入肝、肾、肺和脑，几周后进入骨内，导致高级神经系统紊乱和器官调解失能，表现为头疼、头晕、嗜睡和狂躁严重的中毒性脑病。

3.3 颗粒物对心理健康的影响

大气颗粒物污染不仅对人体生理健康造成危害，而且对人们的社会行为以及心理健康也造成负面影响。例如，主要由 PM 2.5引发的雾霾天气会促使居民减少日常户外活动，推迟旅行计划，从而限制了人们面对面沟通交流和互动的机会；雾霾加重时，高速公路封闭、飞机航班取消或延误，严重影响人们的交通出行，给人们的日常生活带来诸多不便。

相对于生理方面的影响，大气污染对人的情绪情感、认知功能以及神经系统的负面影响的研究较少，相关的心理预警措施也较少提及。一些学者通过对比统计发现，阳光明媚的好天气会使人心情愉悦，积极乐观；而灰蒙蒙的天气则会令人心情不佳、感觉沉闷、压抑、情绪低落，更甚者会刺激或者加剧人们心理抑郁的状态。现代医学认为人脑中有一种腺体叫松果体，其对光线十分敏感。光照强度越弱，松果体活跃程度越强，并抑制人体一些使人振奋的腺素产生。因此人们长期处于阴霾中，情绪的低沉会更加明显。

一些研究表明颗粒物污染会降低老年人的认知能力，引发或加剧老年痴呆症；影响儿童智力发育、导致记忆力较差，对学生学业产生影响。Colicino 等（2014）认为长期暴露于黑碳（black carbon）的老年男性其定向能力、记忆力、注意力以及语言等方面都较差；Weuve 等（2012）研究发现长期暴露于颗粒物污染的老年女性其工作记忆、计算、命名能力等均下降；Schwartz 等（2008）发现暴露于高浓度的黑碳导致儿童认知功能下降，在智力测试中表现较差。研究人员通过神经病理或动物实验研究剖析颗粒物导致的认知损害发病机理。他们认为颗粒物具有潜在的神经毒性，即对中枢神经系统、周围神经系统均会产生伤害，从而损伤认知功能。

流行病学研究已经证实高浓度颗粒物激发多种疾病并导致慢性病恶化，从而对个体造成急性或慢性的、长期的心理影响并增加自杀风险。Kim 等（2010）证实 PM 2.5和 PM 10的增加与较高的自杀风险存在直接联系。Lim 等（2012）研究发现 PM 10、O_3 与 NO_2 含量的上升会引发老年人抑郁症状的增加。究其原因，颗粒物与抑郁或自杀相关可能与颗粒物成分中含有如铅、汞、锰等毒害神经的物质有关。

基于大气颗粒物污染对人的心理产生如此大的影响，我们应对易患和已患心理问题的人群给予积极的关注，宣传健康的自我保护措施，加强其在日常生活中的心理保健。

3.4 颗粒物的毒理机制

研究人员对颗粒物毒理作用机制的探究已逐渐深入。随着分子生物学的迅速发展，将会为颗粒物的毒理机制研究提供更为先进的试验手段和基本的理论基础。综前所述，颗粒物的毒性与其浓度、形态、粒径及化学成分等存在密切的关系，并且颗粒物中的有害成分的毒性还存在协同、加合作用。目前，颗粒物的毒理机制大致有氧化机制、神经性炎症和细胞信号转导机制等。

氧化机制（oxidation mechanism）是指氧化物质如活性氧族（reactive oxygen species，ROS）和活性氮族（reactive nitrogen species，RNS）在机体内引发细胞脂质过氧化反应，DNA 链断裂、功能蛋白的氧化反应，导致体内的氧化和抗氧化平衡失调，造成细胞和组织直接或间接的氧化损害。细胞中 ROS/RNS 来源有以下两种。第一种来源是颗粒物本身的氧化物质。颗粒物上的过渡金属特别是酸性可溶性金属是颗粒物产生 ROS 的重要成分。颗粒物吸附或者由 PAH 转化而来的氧化还原的半醌类物质也是颗粒物本身的氧化物质。颗粒物上携带的内毒素成分——LPS 也可以促使一些细胞产生 ROS/RNS。第二种来源是细胞自身会释放出一定的 ROS/RNS。当颗粒物进入呼吸道后，会作用于非免疫细胞如肺泡上皮细胞及免疫细胞如巨噬细胞等，当各类吞噬细胞被激活进行吞噬作用时，氧消耗会大量增加，甚至出现氧爆发，这些细胞自身就会释放出一定的 ROS/RNS。

神经性炎症机理（neuroinflammatory mechanism）是指各种有害物质和内源性炎症物质以及机械性刺激、温度刺激、化学品的刺激都可以激活敏感性神经纤维的刺激性受体来引起机体产生神经性炎症反应过程。敏感性神经受体包括辣椒素受体、酸敏感性受体如类香草素受体等，受体的数目及分布呈现年龄和种族差异。当受体被激活后，刺激敏感纤维释放神经肽，引起呼吸道靶细胞膜极化，使钙离子、钠离子快速内流并贮存在细胞内，引发包括血管舒张、黏液蛋白分泌等一系列呼吸系统级联炎症反应。此外，研究人员还发现与呼吸道具有较少类香草素受体的个体相比，具有较多类香草素受体的个体，暴露颗粒物后发生的炎症反应更明显，而且释放的神经肽水平更高，这从另外一个侧面可以解释不同人群对颗粒物存在着不同的易感程度，易感人群出现不良反应的反应率高于普通人群。

细胞信号转导（cell signaling transduction）是指细胞通过胞膜或胞内受体感受信号分子的刺激，经细胞内信号转导系统转换，从而影响细胞生物学功能的过程。细胞本身存在多种信号分子协调细胞间的活动与功能并协调机体反应。NF-κB 是一种 DNA 结合蛋白，是许多细胞因子的调节剂，它与其抑制蛋白 IκB 结合以无活性的 NF-κB/IκB 复合体形式存在于胞质中，IκB 可被某种蛋白激酶磷酸化而失活，随即从 NFκB/IκB 复合体上解离下来，而解除 NF-κB 的抑制作用，可使 NF-κB 由胞质入细胞核，从而调节 TNF-α 等细胞因子的表达。AP-1 是一个转录因子，是 c-Fos 和 c-Jun 形成的异源二聚体。许多氧化刺激如紫外线、IL-1 等都可以活化 AP-1。丝裂素活化蛋白激酶（MAPK）参与由颗粒物引起的应激反应，属于蛋白激酶 MAPK 家族。该家族有细胞外信号调节的蛋白激酶 ERK，应激激活的蛋白激酶 SAPK，c-Jun 端激酶 JNK 以及 p38MAPK 激酶。MAPK 激活后能激活转录因子，调节特定的基因表达，其产生细胞生长、分化、增生、凋亡以及细胞对环境刺激的应激反应等效应。

3.5 气态污染物的健康影响

大气污染物存在的另一种形态—气态污染物种类极多，数量极大，其对人体健康及生态环境的危害也很大，下面我们就主要的几种气态污染物的健康影响加以阐述。

3.5.1 二氧化硫

二氧化硫（SO_2）是最常见的大气污染物之一。它具有强烈的刺激性气味，为无色气体，属于中等毒性物质。SO_3 化学性质活泼，吸湿性强，极易溶于空气中的水分中形成硫酸雾，并以气溶胶状态在空气中存在，其过程是：

$$SO_2 \xrightarrow{\text{催化或光化学氧化}} 催化 SO_3 \xrightarrow{H_2O} H_2SO_4 \xrightarrow{H_2O} (H_2SO_4)_m(H_2O)_n$$

大气中的 SO_2 主要是由含硫燃料燃烧和生产工艺过程中采用的含硫原料所产生的。含硫石油、煤、天然气的燃烧，铁、铅、锌、铝等硫化矿石的熔炼和焙烧，各种含硫原料的加工生产过程等均能产生 SO_2 而污染大气。煤和石油是主要能源，它燃烧产生的 SO_2 占大气中 SO_2 的 70%。此外，产生 SO_2 的工业生产过程主要有：有色金属冶炼、石油精制、硫酸制造、硫黄精制、造纸、硫化橡胶等，其中以有色金属冶炼和硫酸制造最为严重，与燃料燃烧并列为大气中 SO_2 的三大主要污染源。

我国《环境空气质量标准》（GB3095-2012）中规定：SO_2 年平均浓度限值一级标准为 0.02 mg/m³，二级标准为 0.06 mg/m³；24 h 平均浓度限值一级为 0.05 mg/m³，二级为 0.15 mg/m³；1 h 平均浓度限值的一级标准为 0.15 mg/m³，二级标准分别为 0.50 mg/m³。

空气中的 SO_2 在干洁大气中可以滞留 7~14 天；在水气充足的条件下，或者有其他催化物存在时，则只需 1 h 就可能被氧化成亚硫酸（H_2SO_3）而形成硫酸雾，刺激眼结膜，并引起炎症。SO_2 易溶于水，当它通过人体鼻腔、气管、支气管时，多被管腔内黏膜的湿润表面吸收、阻留，变为硫酸、亚硫酸和硫酸盐，刺激上呼吸道内的平滑肌，使其产生收缩反应，使气管、支气管的管腔变窄，气道阻力增大。SO_2 浓度为 10~15 ppm 时，呼吸道纤毛运动和黏膜的分泌功能均能受到抑制。浓度达 20 ppm 时，引起咳嗽并刺激眼睛，若每天吸入浓度为 100 ppm8h，支气管和肺部出现明显的刺激症状，使肺组织受损。浓度达 400 ppm 时可使人呼吸困难。

SO_2 在呼吸道中主要被鼻腔和上呼吸道黏膜吸收，而不易进入肺部。但 SO_2 可吸附于大气颗粒物的表面而进入呼吸道深部。例如，SO_2 附着在飘尘上一起被人体吸入，飘尘气溶胶微粒可将 SO_2 带到肺部使其毒性增加 3~4 倍。若飘尘表面再吸附金属微粒，在其催化作用下，使 SO_2 氧化为硫酸雾，其刺激作用比 SO_2 增强约 1 倍。SO_2 和飘尘的联合作用，可促使肺泡纤维增生，及至形成纤维性病变，可使纤维断裂形成肺气肿。

SO_2 被呼吸道吸收以后，通过肺毛细血管进入血液分布全身。SO_2 在体液中以其衍生物——亚硫酸根离子（SO_3^{2-}）和亚硫酸氢根离子（HSO^{3-}）动态平衡的形式存在，其衍生物在气管、肺、肺门淋巴结和食道中含量最高，其次为肝、肾、脾等器官。硫酸及其盐类可通过尿排出体外，亚硫酸和重亚硫酸及其盐类可进一步自氧化，产生超氧阴离子自由基，导致细胞及其遗传物质的损伤。

长期暴露于低浓度 SO_2 对呼吸道的毒理机制有三个方面：一是细菌上呼吸道平滑肌末梢神经感受器，产生反射性收缩，使气管和支气管管腔变窄，呼吸道阻力增加；二是肺功能受损，三是抑制或减弱呼吸道纤毛运动和黏液的分泌，呼吸防御降低，易发生呼吸感染，诱发慢性鼻炎、慢性支气管炎、支气管哮喘、肺气肿等。

3.5.2 氮氧化物

氮氧化物（nitrogen oxides，NO_x）是大气中常见的污染物，通常是指一氧化氮（NO）和二氧化氮（NO_2）。大气中还有 N_2O，N_2O_3，N_2O_4，N_2O_5 等氮氧化物。在大气中，危害大的氮氧化物是 NO 和 NO_2。N_2O（笑气）毒性甚低，曾用作吸入麻醉药；N_2O_3，N_2O_4 和 N_2O_5 易分解为 NO 和 NO_2，在毒理学上无重要意义。

NO 是无色、无味、无刺激性、难溶于水的气体。NO 与强氧化能力的物质如空气中的氧或臭氧（O_3）作用，生成 NO_2 的速度很快。

NO_2 是红棕色的、有刺激性和腐蚀性、难溶于水的恶臭气体。NO_2 在空气中一般较稳定，但在阳光紫外线的作用下能与 O_2 生成 NO 和 O_3。

NO_x 主要来自于火力发电厂和其他工业的石油、煤、天然气等燃料的燃烧过程以及硝酸厂、氮肥厂、硝基炸药厂、冶炼厂等工业生产过程。从工厂烟囱排出的 NO_x 气体当浓度较高时呈棕黄色，俗称黄龙。汽车排出的废气是城市大气中 NO_x 的重要污染源之一。此外，自然界的雷电、火山爆发、森林失火、土壤中硝酸盐的还原，也能产生 NO_x。

我国《环境空气质量标准》（GB3095-2012）中规定：NO_2 年平均浓度限值，一级标准为 0.04 mg/m^3，二级标准为 0.04 mg/m^3；24 h 平均浓度限值，一级标准为 0.08 mg/m^3，二级标准为 0.08 mg/m^3；1 h 平均浓度限值，一级标准为 0.20 mg/m^3，二级标准为 0.20 mg/m^3。

NO 与 NO_2 均难溶于水，故不易在上呼吸道吸收，容易进入下呼吸道直至肺的深部。当 NO_2 到达肺泡时，缓慢地溶于水液中，形成亚硝酸和硝酸及其盐类，以亚硝酸根和硝酸根离子的形式通过肺进入血液，在全身分布，引起肾、肝、心等脏器损伤，最后随尿排出。

有关 NO 中毒的资料甚少，这是因为 NO 在空气中易氧化成 NO_2，因此 NO 的毒性研究较难进行。通常健康的男性吸入浓度约为 2.1~2.7 mg/m^3 的 NO_2 可引起气道阻力增加，而吸入浓度约为 27 mg/m^3 的 NO 才能引起呼吸道阻力增加。

氮氧化物对人体危害最大的是 NO_2，NO_2 的毒性为 NO 的 4~5 倍。由于 NO_2 难溶于水，所以对上呼吸道及眼结膜的刺激作用较小，而主要是作用于深部呼吸道、细支气管及肺泡。当 NO_2 经上呼吸道到达肺泡时，溶于肺泡表面的水液中，形成亚硝酸和硝酸及其盐类，对肺组织产生强烈的刺激和腐蚀作用，引起毒性作用甚至导致肺水肿。NO_2 不仅对人体肺组织能产生严重的伤害，而且对心脏、肝脏、肾脏及造血组织等都可能产生破坏作用，特别是支气管哮喘病的发生与此有密切关系。

NO_2对呼吸道的毒性作用与暴露时间的长短及人群健康状态有关。如果健康状态不好，即使暴露于低浓度 NO_2 下，也有可能引起呼吸道阻力增加等症状，久而久之引起上呼吸道黏膜和支气管慢性炎症。如果暴露于高浓度 NO_2下，起初表现为鼻和上呼吸道的轻度刺激症状，如头痛、咽喉不适、干咳。如此经过几小时或几十小时甚至几天后，才出现肺炎和肺水肿症状，表现为胸闷、呼吸短促、体温升高、呼吸困难、发绀、昏迷、甚至死亡。进入血液及其他体液中的 NO_2 是以硝酸、亚硝酸及其盐类的形式存在的。亚硝酸盐可使低铁血红蛋白转变成高铁血红蛋白，继而导致组织缺氧，出现呼吸困难、发绀、血压下降以及中枢神经系统症状。长期接触 NO_2 不仅可降低肺泡吞噬细胞和血液白细胞的吞噬能力，而且能够抑制血清中抗体的形成，从而影响机体的免疫功能。

3.5.3 臭氧

在自然条件下，臭氧（O_3）是一种淡蓝色气体。臭氧极不稳定，容易分解为氧气，它也是已知最强的氧化剂之一。在离地面 20~30 km 的平流层较低层存在着天然的低浓度臭氧，它会保护地球上的生物免受来自太阳紫外线辐射的伤害；在近地面 1~2 km 中存在的臭氧是典型的二次污染物，它的生成与光照、气温等气象因素密切相关。它主要是由大量人为产生的氮氧化物 NO_x 和挥发性碳氢有机物等一次污染物在温度适宜和太阳光照射下，经一系列光化学反应生成一种刺激性很强的浅蓝色烟雾，其主要成分是 O_3、醛类及各种过氧酰基硝酸酯（peroxyacetyl nitrate，PAN），其中 O_3 约占 90% 以上。

20 世纪 40 年代初发生的美国洛杉矶光化学烟雾事件，其罪魁祸首就是 O_3。O_3 破坏人体皮肤的维生素 E，使人皮肤出现起皱和黑斑。O_3 对眼睛和呼吸道黏膜有较强的刺激作用，能引起眼睛各种不适症状，使呼吸道阻力增加，严重时刻导致肺气肿和肺水肿等病变。O_3 对肺的损伤主要表现在支气管上皮纤毛丧失及肺泡上皮细胞的坏死和脱落。O_3 还可以直接氧化细胞膜磷脂、蛋白质等产生有机自由基，也可直接氧化脂肪酸和多不饱和脂肪酸而形成有毒的过氧化物，从而损害膜的结构和功能，改变膜的通透性，导致细胞内酶的外漏，引起组织损伤。O_3 还可以损伤 T 淋巴细胞和 B 淋巴细胞的功能，使免疫功能下降，诱发淋巴细胞染色体病变，致使胎儿畸形。

3.5.4 碳氧化物

碳氧化物主要包括一氧化碳和二氧化碳。一氧化碳（CO）是大气中常见的污染物，它是一种无色、无臭、无味、无刺激性的有毒气体，CO 在空气中很稳定，转变为 CO_2 的过程很缓慢。

CO 是由于含碳物质不完全燃烧产生的。城市大气 CO 污染的重要污染源是汽车废气（含 CO4%~7%）。另外，大气中 CO 污染还主要来自工矿企业、家庭炉灶、采暖锅炉、木炭燃烧及吸烟等。火山爆发、森林火灾、地震等自然灾害也是造成局部地区 CO 浓度增高的原因。

我国《环境空气质量标准》（GB3095-2012）中规定：CO 的 24 小时平均浓度限值一级和二级标准均为 4.0 mg/m³；1 小时平均浓度限值的一级和二级标准均为 10.0 mg/m³。

CO 中毒与血液中碳氧血红蛋白（COHb）的浓度密切相关。CO 经呼吸道吸入，再通过肺泡进入血液，大部分与红细胞内的血红蛋白结合生成碳氧血红蛋白（COHb），小部分（10%~15%）和血管外的血红素蛋白如肌红蛋白、细胞色素氧化酶等结合。CO 与血红蛋白结合生成碳氧血红蛋白的速度比氧与血红蛋白生成氧合血红蛋白（HbO_2）的速度大 200~300 倍，而 COHb 的解离速度却比 HbO_2 慢 3600 倍，所以 CO 与血红蛋白的结合大大减弱了红细胞携带和运输氧气的能力。正是由于体内组织缺氧等，导致脑神经系统受损，加重心脑血管病患者的症状。

污染空气中其含量远超过新鲜空气中的二氧化碳（CO_2）含量约为 0.03% 这个指标。大气中 CO_2 含量过高，人的呼吸就会加快，给健康带来影响。例如，当 CO_2 含量超过 1.5%，就会引起人的听力稍微下降，超过 4%，就会产生头晕、耳鸣、血压升高等症状，及至达到 8%~10%，则会引起呼吸困难、脉搏加快、全身无力等症状，若达到 30% 以上，则会死亡。

3.5.5 大气汞

根据理化性质，大气汞（Hg）存在形态包括气态单质汞、气态二价汞和颗粒态汞，其中单质汞占大气汞的绝大部分。大气汞污染大气，可通过呼吸道、消化道和皮肤等途径侵入人体并被其吸收。Hg 在自然界中分布很广，几乎所有矿物中都含有 Hg。汞进入大气的途径有自然释放、人为释放和二次释放三种。与自然来源相比，大气汞受到人为活动更为严重，人为活动主要包括化石燃料的燃烧、市政垃圾、医疗垃圾和污泥等废物焚烧、有色金属冶炼、含汞产品的生产加工等活动。其中，化石燃料燃烧和垃圾燃烧释放到大气中的汞约占大气汞人为释放量的70%。

大气汞在空气中的浓度虽然较低，但影响范围较广，长期暴露仍会引起人体的危害。一方面，它主要以气态单质汞形式直接侵入人体，通过肺泡黏膜，经血液迅速分布到全身各组织器官。另一方面，大气汞也可以通过干、湿沉降到水体（河流、湖泊等）或土壤表面，使水生和陆生生态系统受到污染，然后沿水生或陆生食物链的蓄积和生物放大作用等途径对人体造成危害。图3-4大气汞通过干湿沉降进入环境的过程。

大气汞的毒性作用主要依赖于它的化学形态及其在体内的分布状况。金属汞主要对脑神经系统造成损伤。金属汞易溶于脂肪，容易通过生物膜进行转运，也容易通过血脑屏障进入脑组织，在其中被氧化成二价汞离子后，水溶性增强，脂溶性降低，再难于返回血液中，从而在脑组织中蓄积，引起脑组织损害。其次，金属汞还对生殖系统、免疫系统和呼吸系统等造成危害。金属汞的毒性机理主要是二价汞与蛋白质和酶中的巯基反应形成了稳固的硫汞键，改变了蛋白质及其酶的结构和功能，使细胞代谢紊乱，导致组织器官病变。

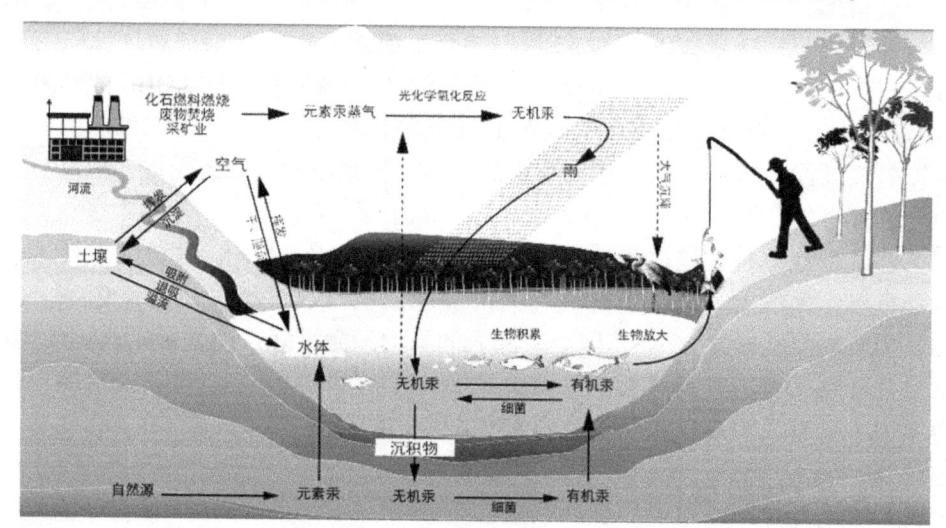

图3-4　大气汞进入水体和土壤的过程（引自 Goverse，2013）

3.6 有机化合物的健康影响

根据有机物挥发性、沸点的不同，空气中的有机化合物可以分为挥发性有机化合物（volatile organic compounds，VOC）、半挥发性有机化合物（semi-volatile organic compounds，SVOC）和颗粒态有机化合物（particulate organic compounds，POM）。其中，根据世界卫生组织对室内有机物的分类原则，SVOC 是指沸点在 240~260℃ 到 380~400℃ 范围内的一类有机挥发性化合物。其来源主要来自室内化学日用品、室内材料助剂等。本文主要阐述室外大气污染，因此在这里不涉及 SVOC。

3.6.1 挥发性有机物

根据世界卫生组织的定义，挥发性有机物（VOC）是指在 25℃ 下饱和蒸汽压大于 133.32 Pa、沸点范围为 50~100℃ 至 240~260℃ 的各种有机化合物。按其化学结构，VOC 可以进一步分为八类：烷类、芳烃类、烯类、卤烃类、酯类、醛类、酮类和其他化合物，其中有些类别化合物具有致突变、致癌、致畸毒性。目前已鉴定出的 VOC 有 300 余种。VOC 在常温下可以蒸发的形式存在于空气中。城市空气中的 VOC 日浓度变化分别出现在早晚交通高峰期，夏、冬季城市大气中的 VOC 浓度高于春、秋季，交通区和混合区大气中 VOC 的年平均浓度大于文化区和工业区。机动车尾气、溶剂挥发源、油气泄漏源、工业源以及植物排放是城市大气中 VOC 主要来源。随着城市汽车保有量的增加，城市大气中的 VOC 将会明显增加。

大气中的 VOC 是 O_3 和其他类大气氧化剂等的主要前体物。大气中部分 VOC 积极参与大气光化学氧化过程，生成 O_3 等二次颗粒物或者化学活性较强的中间产物（如自由基等），从而增加烟雾、O_3 的地表浓度，造成对生态环境的危害。某些 VOC（如氟氯烃）还对臭氧层具有破坏作用。此外，一些 VOC 强烈地吸收红外线，导致全球气候变暖。由于空气中的 VOC 是以气态形式存在，因此能直接通过呼吸系统进入人体内。长期处于 VOC 环境中，人体会出现全身乏力、瞌睡、皮肤瘙痒等症状，并会造成视觉、听觉受损；在认知方面造成长期或短期记忆混淆；在运动方面握力减弱、不协调等。更有甚者一些 VOC 对人体具有致癌作用，其毒性与电负性成正比，对人体的危害主要是切断细胞内电子的传递，损害细胞内部的代谢。一些挥发性卤代烃对人体具有致癌和致畸作用，吸入挥发性卤代烃能对中枢神经系统产生不可逆转的损害，尤其是三卤甲烷进入人体后对肝脏、肾脏、血液等具有毒害作用。对健康危害最大的 VOC 是苯、甲苯和二甲苯，暴露于其中的环境，可导致人体的中枢神经系统、肝、肾和血液中毒，增加白血病等疾病发生的风险。

3.6.2 颗粒态有机物

许多挥发性或半挥发性有机化合物在大气中以蒸气或吸附于悬浮颗粒物上的形式存在。比如，多环芳烃（polycyclic aromatic hydrocarbons，PAHs）就是一种颗粒物载带的最主要的有毒有害有机污染物。它是由两个及以上苯环组成的碳氢化合物，主要有 18 种，其中 16 种被美国环保局（USEPA）列入优先控制污染物，7 种被我国环保部列入优先控制污染物。二环、三环的 PAHs 主要以气态形式存在，而四环以上的 PAHs 多以颗粒态的形式存在。PAHs 的来源主要有汽车尾气、废物焚烧、工业能源燃烧、矿物油提炼等。

PAHs 可参与机体的代谢作用，多具有致癌、致畸、致突变和生物富集性，其中苯并（α）芘的毒性最强。PAHs 在环境中可长时间存在，因此对动植物和人类健康产生严重的危害。大气 PAHs 暴露的主要途径是呼吸道。颗粒物的粒径是影响 PAHs 健康危害的重要因素之一。根据 losAlamos 标准，90% 的小等于 2 μm 的颗粒物可沉积于肺泡，并在肺部能存留数周甚至数年。杨文敏等（1994）采集了太原市三个不同功能区的大气颗粒物，分析和观察了不同粒径颗粒物中 PAHs 的含量和其致突变性，结果表明 60%~70% 的 PAHs 富集在小等于 2 μm 的颗粒物上。颗粒物粒径越小，致突变性越强，这可能与 PAHs 富集在细颗粒物上有关。

思考题

1. 试述颗粒物健康危害的影响因素有哪些。
2. 试述颗粒物的清除与沉积机制。
3. 试述颗粒物对不同机体系统功能的影响。
4. 试述颗粒物的毒理机制。
5. 试述气态污染物的健康影响。

4　大气污染的健康风险评价

本章主要介绍大气污染健康风险评价的基本内容，包括大气污染健康风险评价的基本概念、框架和步骤。危害鉴定、暴露评价、暴露—效应关系、风险评估和风险管理构成了大气污染健康风险评价的基本框架。本章最后分别以太原市道路尘暴露的健康影响和天津市大气污染的健康影响为实例，阐述了进行大气污染健康风险评价的关键。

4.1　大气污染健康风险评价概述

在日常生活中，由于经济社会的发展，人们总是自觉或不自觉地通过空气、水等介质接触到一些物理性、化学性或生物性的有害因子。随着生活水平的提高，人们更加关注自身的健康，希望能呼吸到更为洁净的空气，喝上更为干净的水。大气污染健康风险评价（human health risk assessment，HHRA）是指对大气污染对人体产生的有害效应进行定性和定量评价。换句话说，大气污染健康风险评价是通过大气污染因子对人体不良影响发生概率进行估算，评价暴露于该污染因子下的个体健康受到影响的风险的一种技术方法。换句话说，就是关注大气污染物是否会对人体健康造成危害，如果存在危害，那么危害的性质、严重程度及其发生的概率又是多少。

4.1.1　大气污染健康风险评价框架

20 世纪 40 年代至 60 年代，世界发生了诸如英国伦敦硫酸型烟雾事件和美国洛杉矶光化学烟雾事件等多起震惊世人的空气污染公害事件，这些事件对人体健康及生态环境造成了很大的危害，从而引起了各国政府、学术界和普通民众的广泛关注。后来随着流行病学研究的不断深入，人们发现即使大气污染的浓度较低甚至低于世界卫生组织和各国政府（比如美国）规定的大气环境质量标准或者准则之下，大气污染物也依然与人群超额死亡或发病密切相关。据世界卫生组织的估计，2012年因全球大气污染造成约700万人死亡，即全球每八位死者中就有一位因大气污染而死。这一调查结果表明大气污染已经是世界上最大的环境健康风险。世界卫生组织、欧盟、USEPA等机构较早就关注大气污染的定量健康危害评价，相继做了进一步的研究，一般认为大气污染的健康风险评价遵循如下框架（见图4-1）。

我国被认为是世界上大气污染最严重的国家之一。20世纪我国大气污染较为严重，当时介于技术条件和监测设备有限而不能进行常规连续监测。直到20世纪80年代后期，我国加入全球环境监测系统，大气环境质量监测才进入了常规系统监测。1996年，空气质量评价体系才在我国实行，其中，体系中规定我国大气的常规监测项目为PM 10、SO_2和NO_2。随着环境保护工作的深入开展，我国城市空气环境质量逐步改善。但是随着社会经济的发展以及由此带来的环境污染，1996年制定的环境空气质量评价体系得出的空气质量评价结果仍然与公众的直观感受存在着较大差距。为了适应新的变化环境以及客观反映我国环境空气质量状况，国务院于2012年2月发布了新的环境空气质量标准（GB3095-2012），在新标准中常规监测指标分别增加了细颗粒物（PM 2.5）和臭氧（O_3）8小时浓度限值。新标准自2016年1月1日起在我国实施，其中，PM 2.5和PM 10执行的年均浓度分别为35 $\mu g/m^3$和70 $\mu g/m^3$。

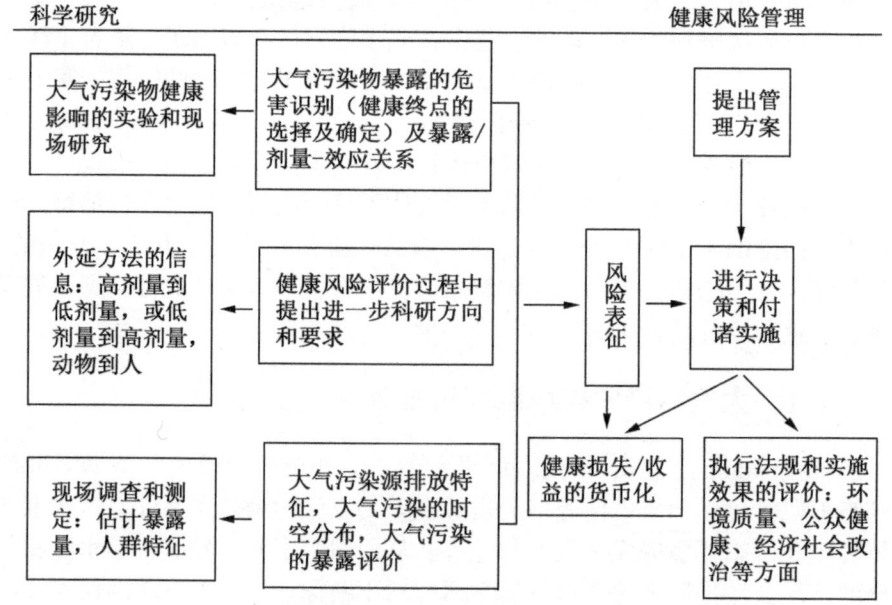

图4-1 大气污染的健康风险评价框架

目前，我国能源结构中煤炭约占总能源结构的 75%，可见我国能源仍以煤炭为主，而燃煤产生的二氧化硫（SO_2）和烟尘排放量均占其排放总量的 80% 以上。随着工业化、城市化进程的不断加剧和机动车持有量的不断增加，我国部分大中城市污染类型已由单纯的煤烟型污染向煤烟污染、机动车污染并存的复合型大气污染转变，在部分经济快速发展地区甚至出现了以较高浓度的细颗粒物和臭氧为特征的光化学污染。污染类型的转变，必然会引起环境空气监测和质量标准的修订和完善。不仅如此，鉴于我国人口数量又处于世界第一，因此，开展大气污染健康效应的研究尤为重要。但是，由于我国研究资料的欠缺和技术等各方面的不足，近年来才开展的大气污染物对居民健康危害的定量评价以及人群暴露所产生的影响关系在很大程度上采用了欧美等发达国家的研究结果及暴露/剂量−效应、反应关系。但是，我国的人口统计特征和患病谱、大气污染类型、污染物的特征及浓度水平以及社会、经济等因素与西方国家相比均有很大差异，因此我国仍须从自身实际出发，做出准确判断，并为空气质量和卫生指标的决策提供重要的科学依据。结合我国国情，提出一个我国进行健康风险评价的框架（见图 4-2）。

需要注意的是，人们常同时受到室内和室外空气污染的影响。所以凡是研究空气污染对健康的影响，实际上应是室内外空气污染同时作用的结果。本章内容主要阐述室外大气污染对健康的影响，但并不否认室内空气污染所起的作用。

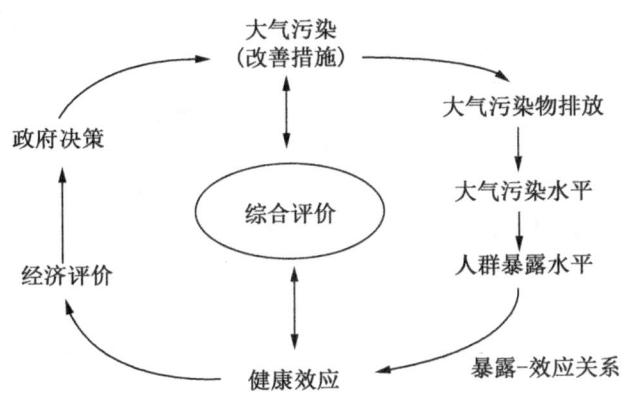

图 4-2　我国健康风险评价的框架设计

4.1.2　大气污染物的健康效应

健康效应（health effect）是指某种环境因素作用于机体后，引起机体一定的应答性反应。健康效应测量的方法包括疾病率的测量和机体功能的测量。疾病率测量常用的指标有发病率、患病率和死亡率。在比较两个地区的疾病率时，由于区域特征不同，不能直接比较，须标准化去除混杂后才能比较，比如年龄、性别、职业标准化。相对危险度（率比，relative risk，RR）也是常用的两个率的比较指标，用来比较暴露组和对照组发病率或死亡率等，从而说明暴露因子与疾病的关联程度。机体功能测量主要包括呼吸系统、心血管系统、血液和造血系统、骨骼肌肉系统、消化系统、泌尿系统、免疫系统、神经系统和生殖系统等各个系统功能指标的测量。下面从环境流行病学研究的角度对不同粒径的颗粒物及气态污染物的健康效应进行详述。

1. 颗粒物的健康效应

（1）可吸入颗粒物

总悬浮颗粒物（TSP）曾经是我国环保部门颗粒物污染常规监测指标和空气质量评价指标。国外很早就已开始研究 TSP 与居民健康效应终点之间的关系。例如，Lippmann 等（2000）研究表明 TSP 与日本居民每日死亡人数之间存在正相关。我国环保部门为了进一步改善空气环境，于 2000 年 6 月 1 日起对空气质量标准进行修订，以可吸入颗粒物（PM 10）取代 TSP 作为法定的大气监测指标。随着 PM 10对人体的毒作用研究的不断深入，研究人员发现 PM 10急慢性暴露对人体的不利影响比 TSP 的更大，PM 10暴露会导致慢性支气管炎、肺炎、哮喘等呼吸系统疾病的发病率呈逐年上升趋势。目前，定性和定量分析 PM 10暴露与居民健康效应终点已成为一个国际研究不衰的热点。

时间序列研究被广泛应用于 PM 10暴露对居民健康效应的影响。美国和欧洲最早采用此法运用统一标准的数据采集和分析方法进行多城市的调查研究。全国人口发病率和死亡率与大气污染关系的研究项目（Samet J M，2000）就是采用时间序列研究在美国 90 个城市中进行大气污染健康效应。该研究选用统一的数据收集和分析方法，研究结果表明居住在不同城市的 65 周岁及以上的人群因心肺疾病、心血管疾病以及慢性阻塞性肺病（COPD）而死亡的人数和住院人数与 PM 10呈正相关关系。欧洲大气环境污染与健康研究计划 2（Air Pollution and Health：a European Approach2，APHEA－2）（Katsouyanni K，2001）也采用此法在欧洲 29 个城市的 4300 万人中进行调查研究。通过单污染模型分析得出当 PM 10日均浓度每增加 $10\mu g/m^3$，总死亡增加 0.6%。当 NO_2 的质量浓度介入模型后，NO_2 浓度较高的城市其 PM 10与死亡的联系明显高于 NO_2 浓度较低的城市。此结果在一定程度上说明 NO_2 的存在加重了 PM 10对人群健康的影响。亚洲公共卫生与空气污染项目（Wong C.－M，2008）主要研究中国的香港、上海和武汉以及泰国的曼谷这几个亚洲发展中国家的城市的室外空气污染与人群健康之间的关系。随机效应模型得出该四城市的合并健康效应值为 PM 10 每增加 10 μg/m³，总死亡、呼吸系统死亡和心血管死亡增加的风险分别为 0.55%、0.58% 和 0.62%。

20 世纪 90 年代起，我国才开始进行大气污染物短期暴露的健康影响的流行病学研究。Zhang 等（2014）在我国北方四城市对 39,054 受试者做了为期 12 年的回顾性队列分析研究。研究得出 PM 10 每增加 10 μg/m³，总死亡、心血管死亡、局部缺血性心脏病、心力衰竭死亡、脑血管死亡的相对危险度分别增加 1.24%、1.23%、1.37%、1.11% 和 1.23%。分层分析结果显示受教育程度高的人群、吸烟者、男性人群在 PM 10 与心血管疾病死亡率的关系中受到的影响更为显著。Shang 等（2013）采用 meta 方法分析我国 33 个大中型城市的大气污染短期暴露与人群每日死亡率之间的关系，分析结果得出 PM 10 每增加 10 μg/m³，总死亡、呼吸系统死亡和心血管死亡增加的风险分别为 0.32%、0.32% 和 0.43%。Lai 等（2013）采用同样的方法分析了 58 篇有关大气污染健康影响的文献后结果得出 PM 10 每增加 10 μg/m³，总死亡、心肺疾病死亡增加的风险值分别是 0.31% 和 0.34%，与 Shang 等（2013）得出的结果基本一致。

PM 10 每增加 10 μg/m³，世界卫生组织给出的健康相对危险值为 1.0074。将上述文献所得的综合健康效应值与我国 33 个城市 meta 分析结果进行比较，如图 4-3 所示。

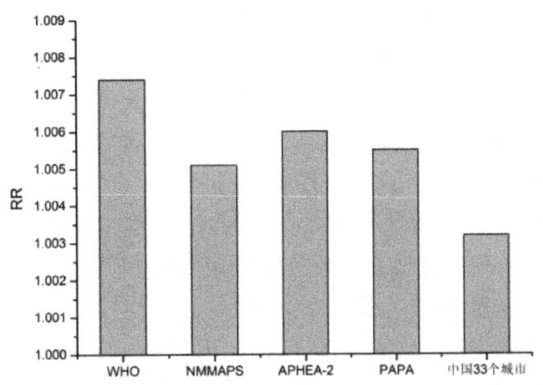

图 4-3　PM 10 增加 10μg/m³ 时不同地区的总死亡相对危险度比较

从图 4-3 可见，我国的 PM 10 健康效应值明显低于欧美发达国家以及世界卫生组织给出的数值。分析其原因，与大气污染浓度及成分、不同区域人口特征（比如生活习惯、年龄分布）以及地域气候地理条件等因素有关。比如在一些发达国家，其大气排放源主要是机动车尾气的排放，这与我国仍以煤为主要能源形成鲜明对比，从而导致不同国度颗粒物的成分差异很大。随着我国社会经济迅猛发展及汽车保有量的不断增加，我国大气污染类型已逐步由单纯煤烟型污染向复合型大气污染（即煤烟型污染、机动车尾气污染和开放源污染并存）的转变。从此角度而言，我国颗粒物的健康效应还要进一步研究完善。

（2）细颗粒物

我国于 2016 年在全国实施了细颗粒物（PM 2.5）空气质量标准。PM 2.5 主要来源于交通、制造、能源等行业中的高温燃烧过程。与 PM 10 相比，PM 2.5 比表面积较大，其上吸附的有害物质（比如重金属、有机物、细菌和病毒等）更多，在空气中的存留时间更长，能通过呼吸到达肺泡，在人体中的吸收率也随之增加，因此，对人体健康的危害也更大。

国外有关 PM 2.5 致健康危害的队列研究早于 20 世纪 90 年代。其中较大规模的队列研究有哈佛六城市的前瞻性队列研究（DockerD. W. , 1993）和美国癌症协会（American Cancer Society，ACS）的队列研究（Pope Ⅲ C. A. , 1995）。哈佛六城市的队列研究得出 PM 2.5 每上升 $10\mu g/m^3$，总死亡率和心肺疾病死亡率分别上升 13% 和 18%；ACS 的队列研究结果表明 PM 2.5 每上升 10 $\mu g/m^3$，总死亡率和心肺疾病死亡率分别上升 6.6%，12%。两者都证实 PM 2.5 对人体健康具有严重的危害。

由于我国 2016 年前 PM 2.5 还不是大气常规标准监测项目，因此之前的 PM 2.5 的监测数据较为缺乏。目前，我国的颗粒物健康影响研究重点已由 PM 10 转向 PM 2.5。在上海（KanH. , 2007）、沈阳（MaY. , 2011）、广州（YangC. , 2012）等地的研究相继表明 PM 2.5 与当地居民每日超额死亡关系密切。但 Venners 等（2003）在重庆某城区的相关研究却显示 PM 2.5 与任何疾病别引起的死亡都没有关系。因此，基于上述文献研究的结果的不一致性，PM 2.5 的急性健康效应的类似研究在我国还需进一步加强。

PM 2.5 暴露可使心率等表征健康水平的指标发生变化。Wu 等（2008）调查得出来源于交通大气的 PM 2.5 的变化可引起年轻司机心脏自主功能的改变。PM 2.5 暴露还可影响高血压急诊住院人数、心血管疾病住院人数的改变。Guo 等（2009）调查发现 PM 2.5 浓度的上升均可以引起心血管住院人数、高血压急诊住院人数的增加。

研究人员除关注 PM 2.5 与健康效应终点关系之外，更重要的是关注 PM 2.5 中的成分对人体健康的不利影响。Cao 等（2012）报道来自于化石燃料燃烧的 PM 2.5 及其所含各成分对健康起着相当大的不利影响。其中硝酸盐含量与总死亡和心血管死亡的关系更为密切。Burnett 等（2000）分析了加拿大八个城市，得出 PM 2.5 中的硫酸盐离子、铁、镍和锌与超额死亡人数呈显著相关，且其总健康效应大于 PM 2.5 质量浓度本身。

（3）粗颗粒物

粗颗粒物（PM 10~2.5）不是我国的常规大气监测项目，其监测数据也很难获取，因此其健康效应的研究非常有限。PM 10~2.5是 PM 10的粗颗粒部分，与 PM 2.5具有不同的来源。

国内外大多文献常常将 $PM_{10~2.5}$ 与 PM 2.5放在一起嵌入拟合模型中进行研究。Cifuentes 等（2000）采用三种不同模型对 PM 2.5和 PM 10~2.5进行同步研究，发现 PM 2.5与各种死亡关系密切，而 PM 10~2.5只在较温暖的月份才与死亡关系密切。Mar 等（2000）对美国凤凰市 1995~1997 年不同粒径颗粒物的各种疾病别死亡影响进行了研究，分析发现总死亡与 PM 10、PM 10~2.5相关性较小，而心血管疾病死亡与 PM 10、PM 2.5、PM 10~2.5显著相关。

我国也做过 PM 2.5和 PM 10~2.5的健康影响的同步研究。Kan 等（2007）采用时间序列研究分析了上海市 PM 2.5和 PM 10~2.5对日死亡人数的急性影响，与 PM 2.5不同的是，分析得出 PM 10~2.5对任何疾病别死亡均没有显著影响。Li 等（2013）首次在北京调查了不同粒径颗粒物 PM 10和 PM 2.5、PM 10~2.5的急性健康效应。也得出与 Kan 类似的研究结果。

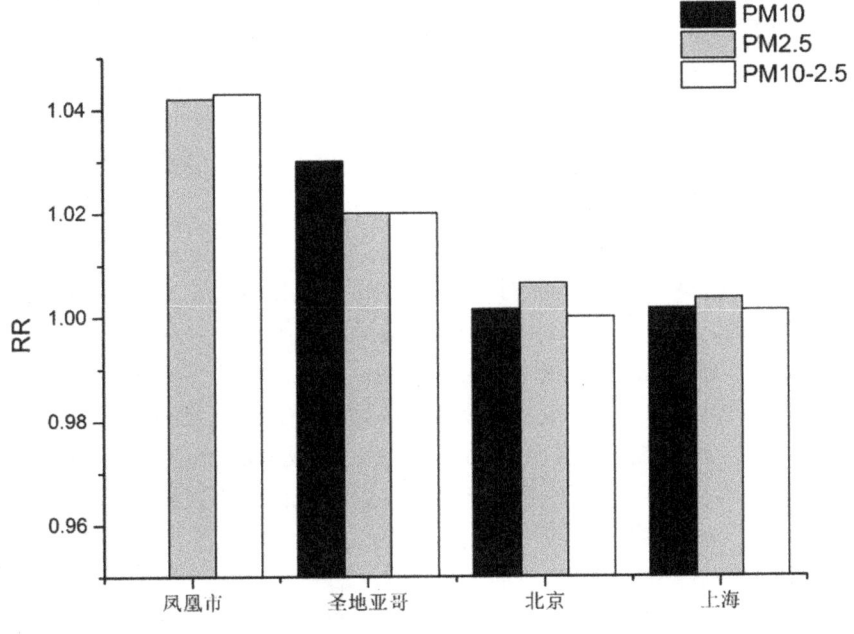

图 4-4　PM 10、PM 2.5和 PM 10~2.5的健康效应

将美国凤凰市（Mar，2000）、智利首都圣地亚哥（Cifuentes，2000）和我国上海（Kan，2007）、北京（Li，2013）等地进行的不同粒径颗粒物所产生

的健康效应风险值进行比较，如图 4-4 所示，我国北方城市北京和南方城市上海的不同粒径颗粒物所产生的健康效应都明显小于凤凰城和圣地亚哥。究其原因，这与不同地区环境的人口特征、生活习惯、PM 污染特征和浓度水平都有较大关系。

此外，我们不难发现，PM 2.5 和 PM 10~2.5 虽都属于 PM 10，但两者的来源、形成过程及所含成分各有不同，因此健康效应差异较大。一般地，PM 2.5 是由许多无机物如硫酸盐、硝酸盐和有机物质如生物材料等构成，而 PM 10~2.5 则主要是由地壳相关材料比如钙、铝、镁、铁以及如花粉、孢子、植物和动物残骸构成。PM 10~2.5 与 PM 2.5 的成分和特征表现也不尽相同，其沉积在肺部的部位也不同，因而所表现出的生物效应和毒性作用也不同。基于上述原因，有些研究人员认为应将它俩认定为两种不同的污染物进行独立的流行病学及毒理学分析研究。

2. 气体污染物的健康效应

虽然大量流行病学研究表明在大气污染与健康效应关系中 PM 所产生的影响最大，但是另一些研究对此结论提出了异议。例如，在欧洲进行的某些研究中显示 SO_2 和 NO_2 与居民健康危害的联系比颗粒物更为密切。Sunyer 等（2003a）的研究显示 SO_2 在调整 PM 10 后似乎与呼吸疾病的住院人数之间的关系并不显著，但 Sunyer 等（2003b）报道在调整了 PM 10 后，SO_2 却与局部缺血性心脏病的日住院人数在统计学上显著相关。因此，识别颗粒态还是气态哪种污染物对人群更具有健康危害性，对于环境政策以及相关环境保护措施的实施都具有十分重要的现实指导意义。

（1）二氧化硫

二氧化硫（SO_2）可以刺激呼吸道、引起支气管收缩以及心率变异等异常反应。SO_2 暴露的独立健康效应研究在欧洲和亚洲等多个城市进行。欧洲大气污染与卫生计划（Air pollution and health: a European Approach，APHEA）（Katsouyanni，1997）研究了 12 个城市中的大气 SO_2 与总死亡的关系。通过双污染物模型拟合得到无论 PM 10 的浓度水平及其成分的含量如何，SO_2 对死亡的效应都依然存在，表明 SO_2 浓度变化引起居民每日死亡人数的增加。APHEA-2 项目中 SO_2 与健康终点关系的研究（Sunyer，2003）认为心血管疾病特别是局部缺血性心脏病的日住院人数的上升与 SO_2 日浓度的增加有显著关系。当调整了 PM 10 后，SO_2 仍与局部缺血性心脏病的日住院人数在统计学上显著相关。这一现象表明 SO_2 在触发缺血性心脏病事件中可能起着独立危害作用。PAPA 项目中关于 SO_2 与居民死亡人数的关系的研究（Kan，2010）显示 SO_2 两日移动平均浓度每增加 10 $\mu g/m^3$，对应的非意外总死亡、心血管死亡和呼吸死亡分别上升 1.00%、1.09% 和 1.47%。当调整了 PM 10 或 O_3 后，SO_2 仍保持显著的健康效应；但是当调整了 NO_2 后，SO_2 健康效应下降或者根本不存在了。对此分析得出 SO_2 对居民每日超额死亡的影响可能归因于 SO_2 是其他污染物的代替物。APHEA-2 项目中关于 SO_2 与健康终点关系的另一项研究（Sunyer，2003）显示 0~14 岁儿童中因哮喘住院人数的日增加与 SO_2 有关。

我国近年开展了空气颗粒物致健康危害的基础研究（China Air Pollution and Health Effects Study，CAPES）的子课题之一就是在我国 17 个城市研究调查 SO_2 对死亡的短期影响（Chen，2012）。研究采用两阶段贝叶斯分层模型，结果表明当 SO_2 两日移动均值每增加 $10\mu g/m^3$，总死亡、心血管死亡和呼吸死亡分别增加 0.75%、0.83% 和 1.25%。在调整了 NO_2 后，SO_2 对死亡的影响不存在了。研究结论表明 SO_2 的短期暴露虽然增加了死亡的风险，但是两者的关系如 Kan 等（2010）的研究，也归因于 SO_2 是其他污染物的代替物。从以上分析我们可以得出，关于大气 SO_2 对人群健康的影响是否存在独立的健康效应还需要进一步调查研究。

（2）二氧化氮

二氧化氮（NO_2）是一种有毒气体，可以引起呼吸道炎症、感染等症状。流行病学研究表明，大气 NO_2 日平均浓度的变化对死亡率有影响。Chen 等（2012）在 CAPES 项目的子课题中就 17 个城市的 NO_2 对死亡的短期影响进行了调查分析，发现 NO_2 每两日移动均值增加 10 $\mu g/m^3$，总死亡、呼吸死亡和心血管死亡风险分别增加 1.63%、2.52% 和 1.80%。Monica 等（2011）对意大利 10 个城市的 NO_2 大气污染的健康影响展开调查。分析结果显示 NO_2 每增加 10 $\mu g/m^3$，自然死亡率、呼吸疾病死亡率、心脏疾病死亡率分别增加 2.09%，3.48%，和 2.63%。在 APHEA 项目中，Samoli 等（2006）分析了欧洲 30 个城市 NO_2 对总死亡、心脑血管和呼吸系统疾病死亡率的短期影响后得出 NO_2 对死亡存在独立的影响。上述不同地区的研究结果都表明死亡风险的增加与 NO_2 的短期暴露确实存在关系。

（3）臭氧

大气中的臭氧（O_3）是在紫外线和前体污染物如氮氧化物（NO_x）和挥发性有机化合物（VOC_s）存在的条件下，发生光化学反应形成的。流行病学研究表明，大气 O_3 的浓度变化对疾病率存在影响。Liang 等（2009）研究中国台湾五个不同监测站提供的环境监测数据，研究人员将受试者以年龄 65 岁为界分为两组，发现无论 65 岁以下的分组还是 65 岁以上的分组，O_3 的浓度水平都与呼吸系统疾病显著正相关。某项时间序列研究表明 O_3 8h 平均浓度达到 100 $\mu g/m^3$ 时，归因死亡人数比基线浓度 $70\mu g/m^3$ 时（估计的 O_3 背景浓度）增加 1% ~ 2%。

O_3 可通过与 NO_2 反应被消耗或向地面沉降。人短期暴露于 O_3 的健康影响包括肺功能改变、气道阻力反应性增加、呼吸道炎症反应增加、呼吸道症状增加、呼吸系统疾病住院人数增加、哮喘患者的症状和功能恶化等。哮喘病人是对 O_3 的敏感人群。动物（如大鼠和猴）实验结果显示：O_3 暴露使肺对细菌感染的可能性增加，肺部出现炎症反应和形态变化，肺部有关防御氧化损伤的酶活性增加以及胶原含量增加等。长期 O_3 暴露可造成动物肺上皮细胞和间质细胞的形态学发生变化，如肺纤维化。

（4）一氧化碳

流行病学研究表明：CO 暴露可使心血管疾病死亡率增加。例如，Liang 等（2009）研究中国台湾 65 岁以下的和 65 岁及以上的两组人群，发现无论采用单还是双污染模型，任何一组人群在冬季的心血管疾病死亡的风险都与 CO 浓度存在显著联系，且在冬季对 65 岁及以上老年人影响更大。通过呼吸吸入的 CO 能迅速通过肺泡、毛细血管和胎盘，其中有 80% ~ 90% 和血红蛋白结合形成碳氧血红蛋白（COHb），CO 与血红蛋白的亲和力为 O_2 与血红蛋白亲和力的 200 ~ 250 倍。COHb 降低了血液的输氧能力，造成组织缺氧，诱发心血管病人比如冠心病人心绞痛发作、心电图改变等。

综上所述，可以得到主要大气污染物的健康效应终点（见表 4-1）。

表 4-1 主要大气污染物的健康效应终点

污染物	健康效应终点
PM	急性效应：每日死亡率（总死亡率、疾病别死亡率），每日住院人数，门、急诊人数，呼吸道症状，支气管扩张使用量，肺功能 慢性效应：死亡率（总死亡率、疾病别死亡率），预期寿命，支气管炎发病率，肺功能
SO_2	死亡率（总死亡率、疾病别死亡率），呼吸系统疾病和 COPD 急诊住院数，门诊人数，肺功能，呼吸道症状
NO_2	呼吸系统疾病和症状，肺功能，死亡率
O_3	呼吸道症状及炎性反应，呼吸系统疾病入院数，肺功能，哮喘患者症状和肺功能恶化，支气管扩张药使用量
CO	血 COHb 含量，心血管疾病死亡率

4.2 大气污染健康风险评价步骤

大气污染健康风险评价之前要进行数据收集。数据包括有：研究区域资料（包括区域物理特征如气象、地质水文等）、大气污染物数据（包括污染源、污染物种类、浓度、分布、理化性质等）、研究区域暴露人群相关资料（包括居民生活习惯、体重、寿命、吸烟史等）。这些数据为大气污染健康风险评价提供了重要参数，具有不可或缺的重要意义。数据收集完备后就进入了健康风险评价过程，其通常包括四个步骤：危害识别、剂量-反应关系评定、暴露评价以及风险表征分析。在已知大气污染暴露的条件下，进行健康风险评价，可以完成如下内容：预计可能产生不良健康效应及其特征，估计这些不良健康效应发生的概率，估计具有这些不良健康效应的超额人数，为空气中某些化学污染物的可接受浓度提供依据，提出预防保健的重点和评价大气污染的防治效果。

4.2.1 危害识别

危害识别（hazard identification）也称危害鉴定，属于定性健康风险评价，是风险评价的第一阶段。其目的是找出所关心的大气污染物及其对暴露人群是否存在健康影响或危害性，如是否存在致癌性以及非致癌性等。如果存在危害性，则按照评价程序逐步进行评价；如果不存在或未发现其危害性，则没有必要对该污染物进行风险评价工作。

大气污染物的健康危害可分为三类：局部和系统效应，急性和慢性效应，可逆和不可逆效应。局部效应只是发生在机体的接触部位，系统效应则发生在远离进入机体接触点的部位；急性效应是指高浓度污染暴露后出现的窒息、丧失意识或死亡，慢性效应是指长时间反复暴露才能观察到的效应；可逆效应是指当暴露停止后，人体的组织可恢复或返回正常状态的效应，不可逆效应是指效应不可恢复的。这三类效应在许多情况下会同时存在，如肺癌是慢性、系统和不可逆效应，而皮肤刺激是急性、局部、可逆效应。

大气污染物危害识别首先应以掌握足够的科学资料作为依据。所需资料主要包括：大气污染物的物理化学资料或构效关系（即分子结构与生理活性之间关系）资料，志愿者暴露实验资料、人群流行病学研究资料、动物毒理学研究资料和其他相关领域研究资料等。在这些资料中应以人的资料为主，动物资料等其他资料为辅。

因为志愿者暴露实验资料能阐述大气污染与健康效应之间的因果关系，所以是极为宝贵的人的资料。志愿者暴露实验是在大型动式大气中毒室中进行，即将志愿受试者（包括健康受试者和高危人群受试者，如哮喘疾病患者）暴露于人工控制的相对稳定的不同浓度大气污染物后，测定其健康效应。志愿者暴露实验结果为一些国家制定大气污染物的限值、识别大气污染物的亚临床症状和功能效应提供了可靠证据，但其也存在一些不足。例如，实验耗资巨大，实验室的设计、污染物浓度的控制要求严格，污染物浓度不能过高，暴露时间不能过长，实验预期获得的不良反应必须控制在亚临床和功能变化范围内，并须经医学伦理学方面的论证和认可以及受试者的预先知情同意。

大气污染对健康危害的流行病学资料是危害识别中最有说服力的依据。它可直接反映人群接触暴露所产生的有害影响特征，不需要种属的外推；且大气污染对健康危害的流行病学资料与水污染或土壤污染的健康危害资料相比更多，研究人群的样本量更大，污染物暴露的监测数据相对更为完整。但流行病学资料在实际应用中还存在一定局限性，其表现如下。一是较难得到准确的暴露信息。大气是多种成分组成的混合气体，其污染健康效应的影响因素较多，因此较难确定原因污染物。二是现有资料多来源于职业流行病学研究资料。职业流行病学研究的对象多为成年男性，其对污染反应差异比一般人群要小得多。其三，大量流行病学研究结果只是揭示了大气污染物暴露与健康效应之间的相关关系，而非其因果关系。要进一步确定其因果关系，还需要综合考虑下列因素和依据：在不同地区的人群中获得相同或相似的相关关系；有不同暴露浓度的暴露组和对照组；有适当的观察期和随访期；对混杂因素和偏倚有足够的考虑；对疾病和死亡原因有确切的诊断；有特异指标的测定；该健康效应发生的可能机制在生物学上有可信性论证等。

动物毒理学实验与志愿者暴露实验一样有助于大气污染暴露与健康效应之间因果关系的确认。动物实验研究是根据研究目的，在人为设计和控制各种实验条件下进行暴露效应的测定。研究可较为确切地反映在各种特定条件下所产生的特定健康效应，容易得出剂量—效应曲线，从而阐明其中的毒性作用机制、建立阈值和未观察到有害作用的剂量水平。但动物实验研究也存在一定的局限性，其表现在：由于动物固有的遗传因素和饲养环境，动物实验结果的差异可能明显小于人群实际出现的差异；由于种属差异，向人外推和从高剂量向人群实际暴露水平外推时会产生不确定性等。鉴于其局限性，选择动物实验资料时，受试动物的种属应能较好代表人的效应，其暴露途径应尽可能与人群实际暴露一致；应明确说明实验动物的各种情况和染毒条件及各个环节；选择具有可比性的对照组；要有足够的数量和剂量分组等。

大气污染物理化资料或构效关系资料只在危害识别方面起一定的参考作用。通过掌握大气污染物的主要理化性质，可以判断其对暴露人群是否产生危害、可能产生什么样的危害。根据构效关系理论，将待评污染物与已知致癌物进行分子结构比较，大体判断其是否具有致癌性。

1. 大气污染物的选择

大气污染物是由气态和颗粒态等诸多污染物组成的复杂混合物。根据环境空气质量标准（GB3095-2012），我国环保部门常规监测的大气污染物分别为二氧化硫（SO_2）、二氧化氮（NO_2）、一氧化碳（CO）、臭氧（O_3）、可吸入颗粒物（PM 10）和细颗粒物（PM 2.5）。

在进行大气污染物危害鉴定时，首先必须确定污染物的种类和名称。煤是我国的主要燃料，约占我国燃料构成的60%~70%。随着城市进程的加快和汽车保有量的增加，目前我国城市大气污染特征为燃煤/机动车复合型污染。因此，在进行大气污染的健康风险评价时，可以选择的污染物包括：颗粒物（PM 10、PM 2.5），二氧化硫（SO_2），氮氧化物（NO_x、NO_2），臭氧（O_3）和其他光化学氧化物等。

但是，上述大气污染物存在共同的污染源，如煤炭燃烧，因此各污染物浓度之间存在显著的相关性（即共线性）。这种共线性的存在，使得目前的流行病学研究尚不能把大气污染相关的健康效应特定地归因于某种污染物。因此，简单地把不同大气污染物计算所得的健康效应相加会引起"重复计算"，从而会过高估计大气污染健康效应的问题。目前世界公认的各种大气污染物中，颗粒物（PM 10、PM 2.5）与多种健康效应终点（死亡和发病）密切相关，且已被公认为是对人体健康危害最大且代表性最强的大气污染物。世界卫生组织、USEPA、欧盟等国际机构在评价大气污染健康危害时均选择PM 10和PM 2.5作为代表性的大气污染物。当然，各城市也可根据具体情况选择待评价的大气污染物，如使用高硫煤的城市可选择SO_2作为指示性污染物。

2. 健康效应终点的选择

大气污染相关的健康效应包括从亚临床症状、发病到死亡的一系列终点变化。一般根据下列标准选择评价的健康效应终点。

1）优先选用国内外已经报道的与大气污染相关的健康效应终点。目前，大气污染长期或短期暴露对呼吸系统疾病、心血管疾病和癌症人群的死亡和发病是研究人员评估的热点。例如，USEPA、美国环境健康科学研究中心（Center of National Environmental Health Science，NEHS）等机构均将颗粒物的心脑血管效应作为最近的研究重点，并认为其将成为解释PM 2.5污染与人群死亡率变化相关的关键因素。

2）不推荐某些亚临床症状进入污染健康风险评价的范围。例如，大气污染可能引起肺功能、免疫功能的改变，但由于目前难以评价这种变化对人体健康的长期影响，且难以进行相应的经济分析，故不推荐其作为健康效应终点。

3）活动受限日（restricted activity days，RADs）是国外进行大气污染健康风险评价经常选用的终点，但由于国内缺乏该终点的基线资料，故大气污染的健康风险评价一般不予采用此健康效应终点。

4.2.2 剂量-效应关系

剂量—效应关系评定（dose-effect assessment）是进行健康风险评价的定量依据，是指通过人群研究或动物实验资料确定适合人的剂量-效应曲线，以此求出评价风险人群在给定暴露剂量下的危险度的基准值。

1. 几个基本概念

未观察到效应的剂量水平（no observed effect level，NOEL）是指通过流行病学或动物实验观察发现，未引起靶机体任何可以与正常生物机体内的变化相区别的形态、功能等方面的变化的最高剂量率水平，单位 mg/（kg·d）。在此剂量率下，暴露组和对照组比较，其效应发生频率和严重程度的增加无统计学或生物学意义。

未观察到有害效应的剂量水平（no observed adverse effect level，NOAEL）是指通过流行病学或动物实验观察发现，在一定暴露条件下，对靶机体未引起任何可以可检查的形态、功能等方面的有害变化的最高剂量率水平，单位 mg/（kg·d）。在此剂量率下，暴露组和对照组比较，有害效应发生频率和严重程度的增加无统计学或生物学意义。

观察到有害效应的最低剂量水平（lowest observed adverse effect level，LOAEL）是指通过流行病学或动物实验观察发现，在一定暴露条件下，能在靶机体内引起可与正常生物机体内发生的可检查出的形态、功能等方面的有害变化的最低剂量率水平，单位 mg/（kg·d）。在此剂量率下，暴露组和对照组比较，有害效应发生频率和严重程度的增加具有统计学或生物学意义。

参考剂量（reference does，RfD）或参考浓度（reference concentration，RfC）是指对人体造成急性或慢性系统危害的物质的剂量阈值。

2. 外推模型

大气环境质量的变化（如颗粒物）与人群健康终点的变化之间的关系即剂量-反应关系建立的方法有：人群研究（包括个案研究、流行病学研究等）、动物毒理学研究、构效关系研究等。目前，应用于大气污染健康风险评价的剂量-效应关系研究数据主要来源于人群流行病学研究，但是，在一些情况下如范围广、剂量低、暴露时间长和接触人群复杂的化学物质来说，很难得到完整的与效应相对应的人群暴露资料，因此，反应与人接近的、敏感动物实验就成为剂量-效应评价的主要手段，然后利用一些外推模型得出近似于人的剂量—效应关系。

一般地，从动物向人外推时，采用体重、体表面积外推法或采用安全系数法；由高剂量向低剂量外推时，选用的模型有威布尔模型、一次打击模型、多次打击模型、多阶段模型和生物药代动力学模型等。其中，USEPA 在 1986 年的致癌风险评价准则中指出，一般情况下应使用多阶段模型。下面就多阶段模型进行简单介绍。

多阶段模型（multistage model）是假设癌症的发生是随机发生的许多不同生物学过程的结果，计算方法如下式：

$$P(d) = 1 - \exp(-\sum_{i=1}^{k} \alpha_i d^i)$$

式中：α_i 为曲线拟合参数，$i = 1$，…，k；k 为随机发生的生物学过程次数，其值通常是根据经验自行选定的，一般地，$k > 1$。

当 $\alpha_i > 0$ 时，低剂量下的曲线为线性；$\alpha_i = 0$ 时则为亚线性（特性介于线性和常数之间）。多阶段模型几乎可以拟合任何随剂量增加、反应也增加的剂量—效应关系数据，即剂量-效应关系曲线在低剂量段呈线性，高剂量段为向上弯曲性。这类数据是最常见的，因面多阶段模型的适用范围甚广。

3. 急性和慢性作用

大气污染对人群健康效应终点的作用来看，分为急性和慢性作用两种。

最早开展颗粒物暴露对居民健康急性效应影响是美国和欧洲。美国人口发病率和死亡率与大气污染关系的研究项目（NMMAPS）、欧洲大气环境污染与健康研究计划 2（APHEA-2）美国健康影响研究所在 2002 年启动的亚洲公共卫生与空气污染项目（PAPA）都证实研究人群因心肺疾病而死亡的人数或住院人数均与 PM 10 呈正相关关系。

国内外对 PM 短期急性暴露剂量—效应关系曲线特征也多有研究。Dominici 等（2002）分析了 1987—1994 年美国 88 个大型城市 PM[10] 与人群总死亡之间关系后得出暴露剂量—效应关系函数的形状近似为线性，且没有阈值。但是，一些研究却得出与此相反的结论。比如，Schwartz 等（1990）发现颗粒物与死亡率之间呈现无阈值的非线性关系，且在较低污染水平下曲线更为陡峭。张燕萍等（2007）研究太原市 PM 10 与人群各种疾病别死亡之间关系曲线时发现其呈现非线性趋势，且存在阈值，但其关系为何与其他城市的不同的原因尚不清楚。

公认评价大气污染长期暴露对人群健康影响较为理想的方法是队列研究。美国哈佛大学六城市研究和美国癌症研究学会研究均是基于队列研究的大气污染物健康风险评价，其均证实大气颗粒物的长期暴露与人群死亡率的上升相关，且与粗颗粒物先比，细颗粒物与死亡率变化的关系更为密切。研究同时发现，大气颗粒物慢性作用的相对危险度远远高于其急性作用。美国癌症研究学会的后续研究充分评估了颗粒物长期暴露的暴露—效应关系函数，尽管观察到了非线性关系，但是拟合优度分析表明函数形状仍然与线性没有显著区别（P>0.20）。

我国对于大气污染长期暴露对人体健康的慢性效应研究鲜有报道。最近，Zhang 等（2014）研究人员在我国北方四城市对 39054 名测试者做了为期 12 年的回顾性队列分析研究。研究发现 PM 10每增加 10 μg/m³，总死亡、心血管死亡分别增加 1.24%、1.23%。

横断面研究是通过比较不同污染浓度地区人群的健康状况来获得其对人群健康影响的资料。但由于这种研究方法对混杂因素如吸烟、职业接触史等较难控制，因此应慎重对待这些资料得出的暴露-反应关系评价。

4. 大气污染健康危害的机制研究

根据流行病学研究，大气污染物比如 PM 10与人体健康具有明确意义上的相关性，受到国内外学术界的普遍关注。根据毒理学研究及其他相关资料，PM 可能的致病机制包括炎症，细胞因子、化学因子的释放，白细胞的产生，肺中氧自由基的产生，内毒素介导的细胞及组织效应，刺激物受体的应激效应，关键细胞酶的共价修饰等。但是，目前研究整体 PM 的混合毒理作用机制、PM 与气态污染物协同作用机制的情况相对较少，若将各种疾病机制的研究成果，以及各部分与 PM 毒性作用有关联的作用机制的成果在 PM 整体水平上得以证实，则对 PM 的健康危害作用的认识将上升到一个新的高度。

4.2.3 暴露评价

暴露评价（exposure assessment）是进行健康风险评价的定量依据，是指确定大气污染物的来源、暴露途径和暴露人群，测量或估计暴露人群对大气污染物的暴露强度、频率和暴露时间，为健康风险评价提供可靠的暴露数据以及暴露情况。

1. 大气污染物的暴露情况

1）大气污染物的来源（如采用源解析）。

2）大气污染源的释放特征（如连续或间歇）。

3）大气污染物的主要理化特性。

4）大气污染物的迁移、转化与积累。

5）大气污染物浓度的时空分布特点。

2. 暴露人群的特征

1）确定暴露人群的数量、性别、年龄分布，地理位置（家庭住址）、生活习惯（是否吸烟）、患病史、工作场所，并查明这些因素对是否影响人群对大气污染物的接触程度。

2）确定人群中每个个体的暴露浓度、暴露时间及其活动资料。

3）确定敏感人群（如老年人，婴幼儿等）。

3. 暴露途径

暴露途径是指确定污染物从污染源到暴露机体的路线。大气污染物的暴露途径分为呼吸、皮肤接触以及饮食（主要为饮水）三种方式。

呼吸吸收污染物的程度与污染物浓度和其穿过细胞屏障的能力有关。气体和蒸气可通过呼吸膜直接经肺静脉进入全身组织或到达相应的靶器官，其吸收率取决于气体或蒸气在机体内的血/气分配系数。气溶胶和颗粒物与气体不同，进入呼吸道后不能直接进入血液，大部分随气流进入终末细支气管和肺泡，沉着吸附于细胞表面，对机体产生损伤。

皮肤吸收污染物的机理主要是单纯扩散，其吸收的影响因素与污染物的物理性质有关，例如，液体污染物的挥发性越小，被皮肤吸收的可能性越大；固体颗粒物的粒径越小，被皮肤吸收的可能性也越大；脂溶性较高的污染物较易透过皮肤而被吸收。

饮食（饮水）是人体通过饮食（或饮水）途径摄入污染物的方式。水可以直接进入人体肠胃参与消化过程，而食物中小部分被口腔消化分解，大部分被胃和小肠分解为小分子再经小肠肠壁进入人体血液，对人体健康造成不同程度的伤害。

4. 暴露浓度

污染物暴露浓度量化是指获取暴露期内暴露点的污染物平均浓度，通常采用日常监测数据和污染物迁移转化模型计算。

（1）使用监测数据法

直接使用监测数据计算暴露浓度，其又可分为个体暴露浓度和群体暴露浓度水平。个体暴露浓度可以采用个体采样法，即采用个体采样器采集人体呼吸区域内污染物或采用在线监测器监测呼吸区域内的污染物浓度。个体暴露浓度能更精确反映个体暴露水平和暴露来源，但不适合开展大样本研究。群体暴露浓度常采用固定点位污染物监测浓度，但其与个体暴露浓度存在差异，从而导致健康风险评价产生误差。

（2）模型方法

在一些情况下单独使用环境监测数据不合适时，需要采用迁移转化模型比如空气质量模型等。空气质量模型是运用数学方法从水平和垂直方向在大尺度范围内对空气质量进行模拟，再现污染物在大气中的输送、反应、清除等过程。

5. 暴露剂量

流行病学研究中，暴露通常指人群已暴露于某种被假定与某种疾病或健康有关的因素，或具有某种对健康有决定意义的特征。大气污染暴露是指大气污染物与人体表面（如呼吸道上皮、皮肤、口）的接触。暴露分为外暴露和内暴露。外暴露是指人体直接接触大气污染物的水平，即摄入。它可以通过测定空气样品中污染物的浓度或采用预测模型推算人体接触到的大气污染物的水平。大气污染物的理化性质影响其在机体中的摄入，例如，大于 5 μm 颗粒物易被阻留在鼻咽部，小于 1 μm 的硫化颗粒物则易随气流进入呼吸道。在一定时间内大气污染物在人体表面上的接触量即为外暴露量（exposure dose），接触表面的大气污染物的浓度即为外暴露浓度，其计算方法如下：

$$E = \int_{t_1}^{t_2} \rho(t)dt$$

式中，

E 为大气污染暴露量；

$\rho(t)$ 为暴露浓度；

t 为暴露时间。

因为大气污染物主要以鼻等呼吸途径进入人体，所以这里的暴露主要考虑通过呼吸途径的吸入量与健康风险。根据美国环保署推荐的健康风险评价模型计算呼吸暴露剂量，例如颗粒物中非致癌物质采用日均吸入量（average daily dose，ADD）表示，致癌物质采用终身日均吸入量（lifetime average daily dose，LADD）表示，即：

$$ADD（或 LADD）= \frac{c \times IR \times EF \times ED}{BW \times AT}$$

式中：

ADD 为非致癌物质的日均摄入剂量，mg/（kg·d）；

$LADD$ 为致癌物质的终身日均摄入剂量，mg/（kg·d）；

c 为污染物浓度，，mg/m³；

IR 为呼吸道的吸入效率，m³/d；

EF 为暴露频率，d/a；

ED 为暴露期，a；

BW 为体重，kg；

AT 为平均暴露时间，d。

上式的暴露参数值一般引用美国暴露参数，分为成年男性、成年女性、儿童三组目标群体进行选取，如表4-2所示。

表4-2　经呼吸途径进入人体的暴露参数

人群	呼吸速率（m³/d）	体重（kg）	暴露持续时间（d）	致癌物平均暴露时间（d）	非致癌物平均暴露时间（d）
成年男性	15.2	69	30×365	70×365	30×365
成年女性	11.3	57	30×365	70×365	30×365
儿童青少年	8.7	44	18×365	70×365	18×365

内暴露是指人体内的污染物实际被机体组织吸收的量，即吸收。内暴露可以通过实测人的血液、呼出气、尿液等生物材料样品得到大气污染物的浓度，从而反映机体对污染物的实际负荷。通常机体摄入的污染物只是一部分被吸收，吸收量=吸入量×吸收率。不同污染物在机体内的吸收率不尽相同，例如甲基汞在肠道内被完全吸收，而金属汞则几乎不被吸收。

外暴露和内暴露即可单独使用，也可两者结合使用。

4.2.4　风险特征分析

风险特征分析（risk characterization analysis）是定量健康风险评价的最后步骤，也是联系风险评价和风险管理的重要纽带。它在前三个阶段的基础上，综合剂量—效应评价、暴露评价的结果，分析、判断人群在不同暴露条件下，可能发生某种危险或某种健康效应的概率，并对其不确定性或可信程度加以阐述，并最终形成可利用文件，为管理机构决策提供科学依据。

风险特征分析主要包括以下内容。首先，对前三阶段的结果进行综合分析。假如采用的是动物资料，则首先判断各阶段动物资料与人是否有关联，是否协调一致。然后，对污染物的风险大小进行比较评价，最后对评定结果做出解释，并对评价过程进行讨论，并以书面形式成文。

1. 风险定量分析

风险定量分析以危险度作为评价指标。评价可以针对一种或多种物质进行，有时需要对暴露人群总风险做出评估。根据污染物的毒性特征，风险定量分析分为致癌风险和非致癌风险，且两者的评价有所不同。一般认为，致癌物的作用是相互独立的。例如，冯利红等（2018）测定颗粒物 PM 2.5的污染特征，并对其进行健康风险评估，其中，PM 2.5中的重金属 As、Cd、Cr 既具有致癌风险，又具有非致癌风险，而 Pb、Hg 则只具有非致癌风险。下面我们就以颗粒物中的重金属为例建立风险评价模型。

（1）对于非致癌物质

其呼吸暴露健康风险评价模型采用危险度（R）进行衡量，R 值的计算公式如下：

$$R = ADD/RfD$$

式中，

R 为个体或群组终身超额危险度，无量纲；

ADD 为污染物日均暴露剂量，mg/（kg·d）；

RfD 为污染物参考剂量，mg/（kg·d）。

非致癌物的健康风险分级：如 R≤1，表明污染物对人体的危害很小或可忽略；若 R>1，表明污染物对人体存在健康危害。

（2）对于致癌物质

其呼吸暴露健康风险评价模型采用终身致癌风险（ILCR）进行衡量，ILCR 值的计算公式如下：

$$ILCR = LADD \times CSF$$

式中，

ILCR 为人群终身患癌超额危险度，无量纲；

LADD 为污染物日均暴露剂量，mg/（kg·d）；

CSF 为致癌物质的致癌斜率因子，kg·d/mg。

致癌作用的健康风险分级：当 ILCR 值小于 10^{-6} 时，表明污染物引起癌症的风险性较低；当 ILCR 值在 $10^{-6} \sim 10^{-4}$ 范围内时，表明致癌物在当前浓度下有可能引起致癌风险；当 ILCR 值大于 10^{-4} 时，则表明其致癌风险性较高。

致癌物质的致癌斜率因子（carcinogenic slope factor，CSF）是指人终身暴露于剂量为每日每千克致癌物时，体重 1mg 的终身超额患癌危险度，其值为剂量–反应关系曲线斜率的95%上限。CSF 值越大，则单位剂量致癌物质导致人的超额患癌率越高。计算 CSF 值可通过两个途径获得：一是通过动物毒理学实验资料先估算出动物的 CSF，然后根据种属间等效剂量转换法采用体表面积或体重进行转换，获得人的 CSF；二是根据人群流行病学资料直接估算人的 CSF。目前，美国 EPA 评价组将 CSF 贮存在综合危险信息体系（integrated risk information system，IRIS）数据库内，其值可从 EPA 出版物中查到。

2. 不确定性

健康风险评价的四个阶段所采用的方法都存在一定程度的不足，这些不足将可能产生一个很高的不确定度，从而使评价结果失去实用性。例如，暴露的接触频率和暴露时间的估计都产生不确定度。因此，检查并解释不确定度是健康风险评价中很重要的一部分。

在暴露评价时采用数学模型可用来评价不确定度和个体输入参数的最终结果的敏感度。如蒙特卡罗模拟法（Monte Carlo method）又称计算机随机模拟法，其原理是通过大量随机样本，去了解一个系统。目前，不确定性分析仍处于发展阶段。随着技术的发展，健康风险评价的不足之处会最终消除。

3. 结果的书面总结

完成健康风险分析的四个阶段，将结果报告报送给危险度管理者。危险度管理者将根据结果，并考虑社会、经济以及其他重要因素，做出相应的决策。

4.3　实例一：PAH 致癌风险评价

研究人员进行道路尘中多环芳烃对人体健康影响的研究，研究主要过程及结果如下。

4.3.1　资料收集和分析方法

研究人员某年某月在山西省太原市的工业区、主要交通区、居民和商业混合区、居民区和大学区五区域的主要街道（主要在干道的十字路口）进行道路尘采集，共采集样品 42 个，其中工业区 7 个，主要交通区 10 个，混合区 9 个，居民区 10 个，大学区 7 个。将样品中的小石头和枝叶捡掉后，所有样品先通过 100 目筛，在阴暗实验室自然晾干 48 小时后，从原样中称取 30 g，在-20℃冰箱中保存待分析。保存时间一般不超过 10 天。

研究方法采用美国环保局 3540C 方法。3540C 是一个从土壤、淤泥或废弃物中萃取挥发性和半挥发性物质的方法，索氏萃取过程保证了样品与萃取试剂的充分接触。采用气相色谱仪质量选择检测器（GC-MS）分析道路尘样品中多环芳烃。分析得出的数据采用癌症风险增加（incremental lifetime cancer risk, ILCR）模型进行致癌风险分析。道路尘的暴露途径有口鼻呼吸吸入、手-口摄食摄入、皮肤接触吸收三种。由于道路尘粒径较大，在空气中飘浮时间较短，很快就落在地面上，因此，其主要摄入途径是手-口摄食摄入和皮肤接触。其数学模型如下：

$$ILCRsingestion = \frac{CS \times (CSFingestion \times \sqrt[3]{\frac{BW}{70}}) \times IRingestion \times EF \times ED}{BW \times AT \times 106}$$

$$ILCRsdermal = \frac{CS \times \left(CSFdermal \times \sqrt[3]{\frac{BW}{70}}\right) \times SA \times AF \times ABS \times EF \times ED}{BW \times AT \times 106}$$

$$ILCRsinhalation = \frac{CS \times \left(CSFinhalation \times \sqrt[3]{\frac{BW}{70}}\right) \times IRinhalation \times EF \times ED}{BW \times AT \times PEF}$$

其中，

$ILCR$ 表示癌症风险的增加，无量纲；

CS 表示毒物的毒性当量浓度；$\mu g/g$；

CSF 是致癌斜率因子，$kg \cdot d/mg$，不同暴露途径的 CSF 有所不同；

BW 表示体重；kg；

AT 表示平均预期寿命，day；

EF 表示暴露频率，d/a；

ED 表示暴露年份，a；

$IR_{inhalation}$ 表示呼吸率，m^3/d；

$IR_{ingestion}$ 表示土壤摄入率，mg/d；

SA 表示皮肤表面暴露面积，cm^2；

AF 表示皮肤吸附因子，$mg/(cm^2 \cdot h)$；

ABS 表示皮肤吸附分数，无量纲；

PEF 表示颗粒物释放因子，m^3/kg。

4.3.2 结果与讨论

分析得出不同功能区道路尘中的多环芳烃含量分布不同。高分子量的多环芳烃（4-6环）及诊断比率均显示煤燃烧是其主要来源，其次，液体化石燃料如柴油燃烧是其第二大来源。分析还得出暴露于不同功能区的 PAHs 中的成年人存在潜在的患癌风险。

癌症风险模型中健康风险分级如下：当 ILCR 在 10^{-6} 以下时，表明是安全的；当 ILCR 在 10^{-4} 以上时，表明存在潜在的癌症高风险；介于两者之间，则表明存在癌症风险。

表 4-3 显示了成年人与儿童暴露于道路尘中，PAHs 的致癌风险情况。通过表 4-3 可见，无论是成年人，还是儿童，经皮肤接触得到的 ILCR 值均大于 10^{-6}，经手口摄入而得出的 ILCR 值为 $10^{-7} \sim 10^{-6}$。儿童经手-口摄入的致癌风险高于成年人，其原因可能是儿童更容易玩耍而导致摄入更多的致癌物。经呼吸进入人体，得到的 ILCR 值很小，可以忽略不计。也就是说，通过鼻口吸入的悬浮颗粒物对人体的危害可忽略，道路尘危害的主要途径是皮肤接触和手-口摄入。

在模型中，儿童和成人 95% 上限值分别是 4.37×10^{-6} 和 5.51×10^{-6}。此值为 $10^{-6} \sim 10^{-4}$，说明存在潜在的风险。但是在极端条件下没有超过 10^{-4} 的，说明暴露于道路尘的居民普遍存在致癌风险，特别是居住于马路边或交通区的居民。一项历时 8 年的队列研究表明居于主要街道附近的居民冒着更大的因心肺疾病死亡的风险。

表 4-3　暴露于道路尘 PAHs 的成人及儿童的患癌风险

ILCR 值（以科学计数法计）	毒性当量浓度ª（μg/kg）	致癌风险（儿童）	致癌风险（成人）
工业区			
均值	2.18E+03	4.65E-06	5.86E-06
最小值	1.02E+03	2.18E-06	2.74E-06
最大值	2.95E+03	6.29E-06	7.93E-06
主要交通区			
均值	2.81E+03	5.99E-06	7.55E-06
最小值	2.05E+03	4.37E-06	5.51E-06
最大值	3.68E+03	7.85E-06	9.85E-06
混合区			
均值	1.35E+03	2.88E-06	3.63E-06
最小值	9.07E+02	1.94E-06	2.44E-06
最大值	2.11E+03	4.50E-06	5.68E-06
居民区			
均值	8.90E+02	1.90E-06	2.39E-06
最小值	6.37E+02	1.36E-06	1.72E-06

ILCR 值 （以科学计数法计）	毒性当量浓度ª （μg/kg）	致癌风险（儿童）	致癌风险（成人）
最大值	1.17E+03	2.50E-06	3.14E-06
大学区			
均值	1.10E+03	2.35E-06	2.96E-06
最小值	4.11E+02	8.77E-06	1.11E-06
最大值	2.53E+03	5.40E-06	6.80E-06
综合			
均值	1.79E+03	3.82E-06	4.81E-06
最小值	4.11E+02	8.77E-06	1.11E-06
最大值	3.68E+03	7.85E-06	9.85E-06

4.4　实例二：剂量-反应关系确定

4.4.1　资料收集

1. 居民死亡资料

2008 年 1 月 1 日—2011 年 12 月 31 日天津市城区（包括六个行政区域：和平区、河北区、河西区、河东区、红桥区和南开区）居民每日死亡统计资料来源于天津市疾病预防与控制中心。死亡统计资料采用国际疾病分类法第 10 版（International Classification of Disease，ICD-10）进行编码分类，其中非意外总死亡的编码为 A00-R99。中心死亡登记报告系统电子档案中都有关于疾病死亡病例的详细信息，包括姓名、身份证号、性别、出生日期、居住地、教育程度、职业、工作单位、准确的死亡日期、根本死亡原因等。非意外总死亡人数（指总死亡人数减去意外死亡人数）分别按照性别（男和女）、年龄（60 岁以上，60 岁以下包括 60 岁人群）以及受教育程度（文盲和小学、初中以上包括初中）进行了分组，此外，总死亡人数还按照寒冷季节（10 月—第二年的 3 月）和温暖季节（4-9 月）进行了分组。

2. 大气污染资料

同期天津市每日大气污染物常规监测资料来源于天津环境监测中心网站公布的每日空气质量日报资料，包括 PM 10，SO_2 和 NO_2 的每日平均浓度，为天津市城区国控监测点数据的算术平均值。天津市环境监测中心作为国家环境监测的一级监测站，其监测的数据完全满足质量的保证和控制的要求。

3. 气象监测资料

同期天津市气象监测资料来源于中国气象科学数据共享服务网（http：//cdc. cma. gov. cn）提供的天津地面国际交换站气候资料日值数据，气象指标包括日平均气温和日平均相对湿度。

4.4.2　统计分析方法

1. 统计方法

本研究采用时间序列方法的核心模型—广义相加模型（Generalized Additive Model，GAM）来分析大气污染与居民非意外总死亡之间的关系。GAM 在处理混杂因素方面具有灵活而有效的优点，因而被广泛应用于环境流行病学有关污染急性健康效应的研究中。相对于城区总人口而言，居民每日非意外死亡人数为小概率事件，在统计学上近似服从 Poisson 分布。在引入虚拟变量排除"星期几效应"的影响、采用平衡样条函数对时间序列中死亡的长期和季节趋势、温度、相对湿度等混杂因素进行平衡化处理后，分析大气污染物浓度与居民非意外死亡之间的关系。即：

$$LogE(Yt) = \beta Zt + DOW + ns(time, df) + ns(Xt, df) + intercept$$
$$Y_t \sim Poisson [E(Y_t)]$$

其中，

Y_t 是指在 t 日的居民非意外死亡人数；

$E(Y_t)$ 是指在 t 日居民死亡人数的期望值；

β 是暴露–反应关系系数，即污染物每单位浓度的升高所引起的日死亡率的增加；

Z_t 是指在 t 日大气污染物的浓度水平；

DOW 为周一至周日的星期变量；

ns 是自然平滑样条函数，df 为其自由度；

$time$ 为日期（calendar time）变量，对日期选择合适的 df 值可以有效地控制污染–死亡序列数据的长期波动和季节性波动趋势；

X_t 是指在 t 日的气象因素，包括平均温度（℃）和相对湿度（%）。

$Intercept$ 表示截距。

本研究采用 R 软件 2.5.1 版本 mgcv 软件包。所有统计分析都采用双侧检验，检验水准定位为 0.05。当 P<0.05 时，则认为污染物的健康效应具有统计学显著性。分析结果均以污染物浓度增加 $10\mu g/m^3$ 时日死亡率增加的百分比表示。

2. 敏感性分析

为探索时间序列模型不同的参数选择对大气污染急性健康效应估计的影响，检验分析结果对模型参数的敏感性，还进行了大量的敏感性分析。主要包括以下 2 个方面的内容。

1）为检验不同滞后天数污染物浓度对效应估计的影响，本文分析了单日滞后模式和多日移动平均滞后模式。单日滞后包括 lag0、lag1、lag2、lag3、lag4、lag5 和 lag6，分别表示当天、滞后 1 天、滞后 2 天、滞后 3 天、滞后 4 天、滞后 5 天和滞后 6 天。多日移动平均滞后为 lag01 和 lag06，lag01 表示即当日和前 1 日的移动平均值，也叫 2 日移动平均值；lag06 表示当日和前 6 日的移动平均值。根据不同的滞后模式，分别模拟时间序列模型，估计各自的效应。

2）为检验大气中的其他共存污染物对某污染物健康效应估计的影响，在采用单污染物模型估计某污染物的健康效应时，每次再纳入一个共存污染物，拟合多个双污染物模型，并估计各自的效应。

3. 暴露—反应关系曲线

在计算污染物引起居民死亡的超额风险时，我们根据文献的研究结果，假定污染物浓度与健康效应之间存在绝对线性的关系，这在我国的实际情况下也许并不成立。因而我们还探索了各污染物与日死亡率的暴露反应关系曲线。

为充分允许污染物的效应可非线性地变化，我们以样条平滑函数（自由度设定为 3）来拟合暴露反应关系。核心模型与基本 GAM 模型一致，如上述统计方法中所运用的公式。同样以 lag01 的浓度水平作为污染物的暴露水平。

全部统计分析由 R2.15.3 软件完成，并应用了 *mgcv* 软件包。采用双侧检验，检验水准定位 0.05，当 P 小于 0.05 时，则认为污染物的效应具有统计学显著性。同样，除特别注明的情况外，大气污染物的健康效应值一般以当污染物浓度每升高 $10\mu g/m^3$ 引起的日死亡率增加的百分比（%）来表示，其中百分比包含了效应估计的均值和 95% 可信区间（confidence intervals, CIs）。

4.4.3 结果

1. 基本统计结果

表 4-4 为 2008—2011 年天津市居民非意外总死亡、大气污染物浓度及气

象因素的频数分布。研究期间，天津年平均温度为 12.9℃，相对湿度为 56.7%。天津共有 86898 例非意外死亡病例，平均每日约为 60 例。同期大气污染物 PM 10的平均浓度为 95 $\mu g/m^3$（范围为 10~503 $\mu g/m^3$）、SO_2的平均值为 54 $\mu g/m^3$（范围为 8~312.5 $\mu g/m^3$）、NO_2的平均值为 42 $\mu g/m^3$（范围为 12.8~142.4 $\mu g/m^3$）。

2. 相关性分析结果

表4-5为研究期间大气污染物浓度与气象条件的 Pearson 相关分析。PM 10与 SO_2、NO_2之间存在明显的正相关。SO_2与 NO_2的相关系数最大，其值为 0.71。PM 10与温度、相对湿度呈微弱的正相关。SO_2与温度呈很强的负相关（$r=-0.69$），和相对湿度呈较弱的负相关（$r=-0.14$）。NO_2与温度呈负相关，却与相对湿度呈正相关。

3. 模型拟合结果

表4-6为在统计学最佳滞后天数条件（lag01）下，在单污染模型中大气污染对非意外总死亡影响的结果。由表3可见，PM 10、SO_2与 NO_2日均浓度每增加 10 $\mu g/m^3$，非意外总死亡分别增加了 0.47%（95%CI：0.28%，0.66%）、0.46%（95%CI：0.05%，0.86%）、1.22%（95%CI：0.44%，2.01%），且每种污染物浓度的升高均与居民非意外总死亡风险的联系具有统计学意义。PM 10、SO_2和 NO_2在 60 岁以上人群、男性组以及小学或文盲组中所产生的健康效应更为显著。除 SO_2在 60 岁以下人群的效应呈负值外，PM 10、SO_2和 NO_2在 60 岁以上人群、男性组以及小学或文盲组中的效应值是 60 岁以下人群、女性以及初中及以上组效应值的 1~3 倍。此外，PM 10在温暖季节对非意外死亡的效应均大于寒冷季节，反之，SO_2和 NO_2在寒冷季节的健康效应是温暖季节的 2~5 倍，且在统计学上效应显著。

表4-7为在统计学最佳滞后天数条件（lag01）下，在双污染物模型中PM 10、SO_2和 NO_2日均浓度每增加 10 $\mu g/m^3$，拟合的天津市居民非意外总死亡增加的百分比。在双污染物模型中，SO_2与 NO_2变量的引入几乎没有影响 PM 10对死亡的危险性，而 SO_2与 NO_2在其他污染物变量引入后或多或少降低了该污染物对死亡的危险性。

图4-5呈现了最佳滞后天数下大气污染浓度的增加与居民非意外总死亡的超额风险变化之间的暴露—反应关系曲线。图中显示，PM 10、SO_2和 NO_2对非意外疾病总死亡的暴露—反应曲线基本呈线性或近线性关系，表明超额死亡风险随污染物的浓度上升而增加。

图4-6为单污染物模型的滞后效应和多日移动平均滞后效应的分析结果。从图4-6可见，PM 10、SO_2与 NO_2的单日滞后效应在当日达到最大，之后随

着滞后天数的增加而逐渐下降。在累积效应模型中，PM 10、SO_2和NO_2的 2 日累积效应最强，比单日滞后效应要强得多。

4.4.4 分析讨论

1. 大气污染特征分析

本案例中天津市 2008—2011 年的 PM 10、SO_2和NO_2年均浓度分别是 95 $\mu g/m^3$、54 $\mu g/m^3$、42 $\mu g/m^3$。与全国大气污染水平相比，天津市PM^{10}浓度仍处于较高的污染水平，SO_2和NO_2在研究期间保持相近的污染趋势，稍低于全国污染水平。本研究结果均低于我国环境空气质量标准（GB3095-1996），$PM^{10} = 100\mu g/m^3$，$SO_2 = 60\mu g/m^3$，$NO_2 = 40\mu g/m^3$）。对于不同年份来说，PM 10、SO_2和NO_2这三项污染物与同期全国大气污染水平相比，天津市PM^{10}浓度仍处于较高的污染水平，SO_2和NO_2保持相近的污染趋势，稍低于全国污染水平。对于不同月份来说，PM^{10}一年中不同月份的变化幅度更大些。2008 年、2010 年和 2011 年PM^{10}分别在 4 月和 5 月平均浓度最高。2009 年 10 月污染最重。而SO_2和NO_2变化幅度较小，曲线呈 U 型，即一年中年头和年尾SO_2和NO_2浓度偏高，中间月份浓度偏低。对于不同季节来说，2008、2010 和 2011 年PM^{10}在春季的污染最重。SO_2和NO_2不同季节浓度变化曲线基本呈 V 型。即浓度变化水平为冬季>秋季（或春季）>夏季。在研究期间，采暖期PM^{10}浓度均大于非采暖期。SO_2和NO_2在采暖期的污染较非采暖期更严重。

2. 大气污染健康效应结果及讨论

本研究采用时间序列方法广义相加模型分析了天津市主要大气污染物与居民的每日非意外死亡率之间的相关性，观察到 PM 10、SO_2和NO_2浓度的增加与居民全死因疾病（除意外死亡之外）的超额死亡风险显著相关，60 岁以上人群、男性以及受教育程度低的人群对于大气污染暴露更为敏感。

类似的研究在我国多地进行，得出的结果与本研究基本一致。侯斌等（2011）评价得出西安的主要大气污染物 PM 10、SO_2和NO_2对居民总死亡的超额风险分别为 0.35%、0.60% 和 2.42%。Kan 等（2008）分析得出 PM 10、SO_2和NO_2对上海居民全死因死亡率分别增加 0.25%、0.95% 和 0.97%。Shang 等（2013）以我国 33 个大中型城市为研究站点，采用 meta 分析方法得出 PM 10、SO_2和NO_2对非意外总死亡的合并效应值分别为 0.32%、0.81% 和 1.30%。上述研究显示污染物浓度每增加 10 $\mu g/m^3$，其导致的死亡超额风险存在差异，这是由于不同城市污染物浓度变化范围不同。此外，污染物的健康效应除与污染物浓度、气象条件有关外，还与不同地区人们的社会经济特征、生活习惯等有关。比如，侯斌等（2011）的研究得出男性对于大气污染更为敏感的结论与本研究一致，但 Kan 等（2008）报道的结果恰与此相反，大气污染对上海女性总死亡的影响要高于男性，究其原因，与不同人群的户外活动、家中通风等习惯有关，但 Kan 等（2008）进一步指出有关性别、年龄等因素对于污染物健康效应的修饰作用还没有最终的定论。

比较温暖和寒冷季节的分析结果，可发现大气污染在天津的健康效应存在季节性差异。与本研究结果类似的是，侯斌等（2011）分析得出非采暖期 PM 10暴露对西安居民总死亡的效应比采暖期的更为显著，与本研究中关于不同季节 PM 10的效应一致。本研究还发现 SO_2 和 NO_2 只在寒冷季节中的健康效应显著。作为北方城市，天津的十月到第二年的三月这一时间段（除十月以外）均属于采暖期，而四月到九月为非采暖期。PM 10在采暖期浓度虽高于非采暖期，但采暖期和非采暖期的浓度相差并不太大，而 SO_2 和 NO_2 浓度在采暖期比非采暖期高很多，从而导致不同污染物在不同季节产生了不同的健康效应状况。此外，地理、气象以及人群分布及特点等因素也会造成研究结果之间的差异。

双污染物模型分析结果再次证明 PM 10对居民死亡确有影响。阚海东等（2004）指出，多污染物模型由于会增加模型拟合结果的标准差，因而在统计学上的意义较低。所以需慎重考虑多污染物模型的结果。

宋桂香等（2006）对上海的 SO_2 和 NO_2 与健康方面暴露反应关系所对应的曲线走向基本与本文研究结果一致，即呈线性或近线性增长无阈值，但张燕萍等（2007）研究太原市 PM 10与人群每日死亡率的关系却呈阈值非线性曲线，Li 等（2013）研究武汉 PM 10与非意外死亡之间关系也呈非线性曲线。分析原因，我国不同地区 PM 10的健康效应曲线呈现较大差异与暴露剂量范围以及颗粒物来源不同有很大关系。但目前为止，有关具体的反应机制还不清楚，需要进一步研究。

诚然，由于主要大气污染物之间的 Pearson 相关系数数值较高，目前尚无法将不同污染物各自的效应分开估算，因此需从整体的角度探讨颗粒态和气态污染物对人体健康的作用。本文在污染滞后效应的基础上定量分析了 2008—2011 年天津市常规监测指标 PM 10、SO_2 和 NO_2 质量浓度变化对居民每日非意外总死亡的影响，并观察了两者的暴露—反应关系，关注了居民性别、年龄、受教育程度以及季节不同对两者关系的影响，揭示出研究时段天津市大气污染水平特别是 PM 10对居民非意外总死亡确实存在显著的不利影响。

附件：

表 4-4 2008—2011 年天津市城区居民非意外总死亡数和气象指标、大气污染水平的频数分布

项目	最小值	25%	50%	75%	最大值	均值	标准差
每日非意外总死亡人数	29	52	59	67	102	60	10
年龄							
≥60	0	43	49	56	90	49	10
<60	0	8	9	12	49	10	3
性别							
男	4	27	32	37	57	32	7
女	7	23	27	31	52	27	6
教育程度							
初中及以上	4	26	30	35	60	31	7
小学或文盲	7	24	28	33	60	29	7
季节分类							
寒冷季节	11	57	64	69	102	63	10
温暖季节	29	49	55	61	106	56	9.7
污染物							
PM 10（$\mu g/m^3$）	10.0	58.2	84.1	119.9	503.0	94.7	55.2
SO_2（$\mu g/m^3$）	8.0	24.0	39.0	71.9	312.5	53.6	41.2
NO_2（$\mu g/m^3$）	12.8	30.4	38.4	48.0	142.4	41.6	15.0
气候							
温度（℃）	-14.1	1.8	14.7	23.7	32.1	12.9	11.5
相对湿度（%）	15	43	59	71	96	56.7	18.1

表 4-5 2008—2011 年天津市每日大气污染物浓度与气象因素的 Pearson 相关系数

	SO_2	NO_2	温度	相对湿度
PM 10	0.31**	0.55**	0.08**	0.10**
SO_2	1	0.71**	-0.69**	-0.14**
NO_2		1	-0.42**	0.05
温度			1	0.33**

注："**"表示 $P<0.01$。

表 4-6　大气污染物日平均浓度每增加 10 μg/m³，天津市城区居民非意外总死亡

	PM 10	SO₂	NO₂
非意外死亡	0.47（0.28，0.66）	0.46（0.05，0.86）	1.22（0.44，2.01）
年龄			
>60	0.53（0.32，0.74）	0.65（0.21，1.09）	1.57（0.71，2.42）
<=60	0.38（-0.10，0.88）	-0.10（-1.12，0.93）	0.69（-1.28，2.66）
性别			
男	0.55（0.29，0.81）	0.58（0.03，1.13）	1.60（0.53，2.66）
女	0.46（0.17，0.74）	0.49（-0.11，1.08）	1.23（0.07，2.39）
教育程度			
初中及以上	0.49（0.22，0.76）	0.19（-0.38，0.75）	1.02（-0.08，2.12）
小学或文盲	0.53（0.25，0.80）	0.59（0.32，1.47）	1.87（0.74，2.99）
温暖季节	0.36（0.06，0.67）	0.17（-1.31，1.66）	0.52（-1.23，2.27）
寒冷季节	0.20（0.00，0.44）	0.86（0.44，1.28）	1.28（0.39，2.17）

表 4-7　大气污染物日均浓度每增加 10 μg/m³，天津市城区居民非意外总死亡增加的百分比

项目		PM 10	SO₂	NO₂
非意外总死亡		0.47（0.28，0.66）	0.46（0.05，0.86）	1.22（0.44，2.01）
	调整 PM10	-	0.03（-0.44，0.49）	0.29（-0.71，1.28）
	调整 SO₂	0.47（0.25，0.69）	-	1.12（-0.15，2.08）
	调整 NO₂	0.43（0.19，0.67）	0.13（-0.36，0.63）	-

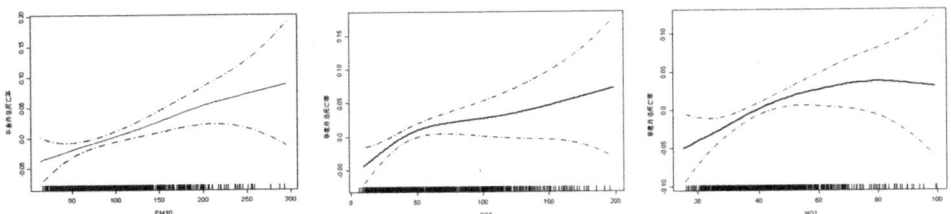

图 4-5　PM 10、SO₂ 和 NO₂浓度分别与居民非意外总死亡率的暴露反应关系

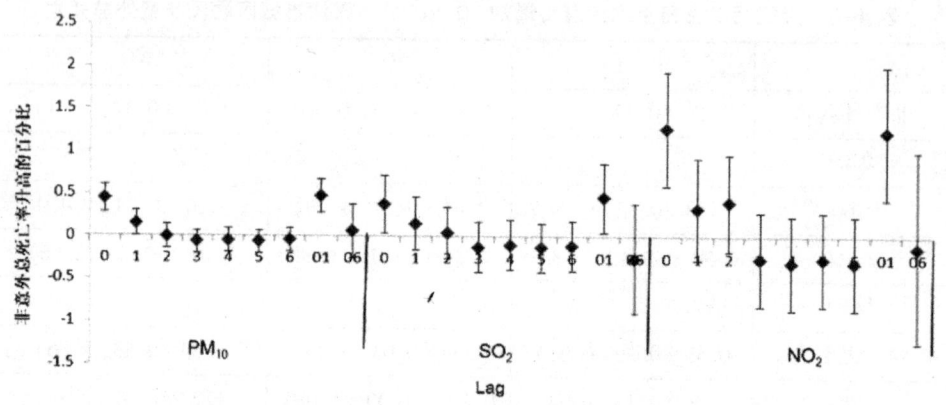

图 4-6　PM 10、SO₂ 和 NO₂ 在不同滞后天每升高 10 μg/m³
导致的非意外总死亡率百分比的增加 （均值和 95%可信区间）

思考题

1. 试述大气污染的健康风险评价框架。
2. 结合国内外相关文献，试分析不同粒径颗粒物健康效应的研究趋势。
3. 试述大气污染健康风险评价的主要步骤。

5 大气污染综合防治

大气污染综合防治是指在一个特定区域内，把大气环境看作一个整体，在充分利用大气环境自净能力的基础上，将工业发展、能源结构、城市建设布局等统一规划和管理，综合运用各种污染防治的技术措施，以改善大气环境质量。其基本点就是以防为主，防治结合。

5.1　环境管理

环境管理是指各级人民政府的环境保护行政主管部门运用计划、组织、协调、控制、监督、教育等手段，为达到预期环境目标而进行的一项综合性活动。其目的是通过全面规划经济发展与环境相协调，限制人类损害环境质量的行为，既要发展经济满足人类的基本需求，又不超出环境的允许极限。

5.1.1　环境管理的发展历程

我国环境管理工作主要经历萌芽阶段、创建阶段、开拓阶段、发展阶段和成熟阶段等五个阶段。

1. 萌芽阶段（1949~1971 年）

1949—1971 年，我国的经济和城市建设取得了很大成就，工业发展突飞猛进。与此带来的生态环境破坏、"三废"任意排放等环境污染问题不断出现，但是，人们的环境保护意识尚处于无觉醒时期，还没有形成环境管理的概念。同时，环境管理工作也处于萌芽阶段。

2. 创建阶段（1972—1982 年）

1972—1982 年是我国环境管理工作创立的阶段。我国政府首次派环境代表团参加了 1972 年由联合国在斯德哥尔摩举办的"人类环境会议"。第二年我国第一次全国环境保护会议召开，确定了"全面规划，合理布局，综合利用，化害为利，依靠群众，大家动手，保护环境，造福人民"32 字环境保护的工作方针。第一次会议的召开胜利揭开了中国环境保护事业及环境管理工作的序幕。会议讨论通过了一系列条例法规，如《关于保护和改善环境的若干规定（试行草案）》《自然保护区暂行条例》等。1979 年 9 月，《中华人民共和国环境保护法（试行）》的公布标志着环境管理在理论方面的不断深入。1982 年，《国民经济和社会发展第六个五年计划（1981—1985 年）》首次以一个独立篇章将环境保护纳入，但却未形成正式的独立文本。

3. 开拓阶段（1983—1988 年）

1983—1988 年，这一时期我国的环境管理在理论认识上取得了质的飞跃。环境保护是我国的一项基本国策在第二次全国环境保护工作会议中确立，同时还制定了"三"建设同步规划、实施、发展，实现"三"效益相统一的指导方针，强化环境保护的中心环节是环境管理。在环保机构设置上取得重大成就。1984 年成立国家环保局，作为国务院环境保护委员会的办事机构。各地相继成立环保机构，环保管理网络趋于完善。在教育方面，许多大学设立环境保护专业，环境管理队伍不断壮大，素质不断提高。

4. 发展阶段（1989—2017 年）

1989~2017 年是环境保护管理工作制度化、法治化、具体化的阶段。1989 年我国正式颁布施行《中华人民共和国环境保护法》，使各个单位、每位公民都明确了各自在环境保护方面的职责、权利和义务。这一时期我国环境保护工作全面开花，深入推进，从 1989 年到 2017 年共召开了第三到七次共五次全国环境保护会议。第四次会议明确实施《污染物排放总量控制计划》和《跨世纪绿色工程规划》两大举措以及跨世纪环境保护工作的目标、任务和措施。第五次会议提出作为一项重要职能，政府要动员全社会的力量做好环境保护工作。第六次会议提出了"三个转变"是做好新时期环保工作的关键，是实现环保目标和任务的保证。第七次会议特别强调环保大政方针已定，任务措施明确，关键是要狠抓落实。其实质就是将环境管理落到实处，统一思想认识、组织实施环保规划、着力解决突出问题。

5. 成熟阶段（2018 年—至今）

以全国生态环境保护大会（2018 年）的胜利召开为起点，标志着我国环境管理工作已经进入成熟阶段。通过对生态文明建设是关系中华民族永续发展的根本大计，生态环境是关系党的使命宗旨的重大政治问题，也是关系民生的重大社会问题等的认识，从而将环境管理工作提高到一个新的理论高度。

5.1.2　环境管理的分类

根据管理性质，环境管理可划分为环境计划管理、环境质量管理和环境技术管理。根据管理对象，可分为大气环境管理、水环境管理、土壤环境管理等。根据管理范围，环境管理可划分为环境资源管理、区域环境管理和部门环境管理。对环境管理进行类型划分是为了便于对环境管理进行深入的研究。事实上类别之间相互联系，交叉渗透。

（1）根据管理性质，环境管理可分为以下几方面。

1）环境技术管理　以经济、社会和环境的可持续发展为指导思想，制定技术路线、方针、政策，标准和规程，制定清洁生产工艺、资源能源利用和污染防治技术，协调技术发展与环境保护的关系。

2）环境计划管理　通过计划与环境的协调发展关系，对环境保护加强计划指导。环境规划应成为国民经济和社会发展规划的必要有机组成部分，编制环境规划应以社会经济原理和生态理论为主要依据，实事求是，因地制宜，突出地方特色，用环境规划内容合理安排人类生产生活活动，实现经济、社会和环境的协调发展。

3）环境质量管理　环境质量包括环境现状质量和未来质量。环境质量管理应包含这两方面的内容。进行环境质量评价，对环境质量与人类社会生存发展需要满足程度进行评定；确立环境影响评价制度，进一步加强规划或建设项目环境影响的管理。

（2）根据管理范围，环境管理可分为以下几方面。

1）部门环境管理　环境管理几乎涉及国民经济的各个领域和部门。环境管理重点监管的行业部门有矿山开采、能源、化工、水利、农业、交通运输、商业和医疗等部门的工矿企业等。

2）区域环境管理　主要协调区域的经济发展目标与环境目标，在区域环境质量现状评价的基础上进行环境影响预测评价，分析预测结果，合理制定区域环境规划分目标和总目标，按步骤分阶段实现各个环境目标。

3）环境资源管理　环境资源与自然资源的特点相同，但范围更广。它是指围绕人类的空气、陆地、水、能量和生命系统等资源的总和。环境资源管理既包括环境资源中不可更新资源的合理利用，又包括可更新资源的恢复和扩大再生产。其管理措施主要是确定环境资源的承载力，资源开发时空条件的优化，建立资源管理的指标体系、规划目标、标准、体制、政策法规和机构等。

5.1.3 环境管理的基本职能

我国环境管理的对象是"人类—环境"系统，工作领域非常广阔，涉及各行各业和各个部门。通过预测和决策，组织和指挥，规划和协调，监督和控制，教育和鼓励，保证在推进经济建设的同时，控制污染，促进生态良性循环，不断改善环境质量。

1. 宏观指导，统筹规划

国家层面的环境管理部门的主要职能就是加强宏观指导调控，主要体现在政策指导、目标指导、计划指导等方面。环保部门会同相关部门拟订环境保护政策、标准、基准、技术规范和环境规划等。环境规划是人类为使环境与经济和社会协调发展而对自身活动和环境所做的空间和时间上的合理安排。通过统筹规划，实现人口、经济、资源和环境之间的关系相互协调平衡。环境规划主要包括环境保护战略的制定、环境预测、环境保护综合规划和专项规划等，环境规划既是环保部门开展环境管理工作的纲领和依据，又对国家的发展模式和方式、发展速度和发展重点、产业结构等产生积极的影响。

2. 组织协调，监督管理

各级环保部门的一条重要职能就是参与或组织各地区、各行业、各部门共同行动，协调相互关系。其目的在于减少相互脱节和相互矛盾，避免重复，建立一种上下左右的正常关系，以便沟通联系，分工合作，统一步调，积极做好各自的环保工作，带动整个环保事业的发展。其内容包括环境保护法规的组织协调、政策方面的协调、规划方面的协调和环境科研方面的协调。

各级环保部门通过专项监督检查、日常的现场监督检查、联合监督检查及环境监测等方式对环境保护法律法规的执行、环境保护规划的落实、环境标准的实施、环境管理制度的执行等情况检查、落实，其目的就是把环境保护的各项路线、方针、政策、规划等贯穿到企业的日常生产、民众的实际行动中。

3. 宣传教育，提供服务

只有全社会共同努力，环境保护管理工作才能有效顺利进行，并起到积极作用。各级环保部门通过定期开展宣传活动等形式加强环境保护法律法规等相关内容的宣传，积极引导民众参与到环境保护和大气污染治理工作中。

环境管理服务职能是为经济建设、为实现环境管理工作目标创造有利条件，提供多元化服务，即提供技术服务、信息咨询服务、市场服务等服务内容。在服务中强化监督，在监督中搞好服务。

5.1.4 环境监管体系

我国大气环境质量的监督和管理任务主要由各级环境保护部门和卫生监督部门负责并承担。以下分两部分阐述我国环境保护体系和卫生监督体系在大气环境质量监管方面各自的职责。

1. 环境保护体系

（1）生态保护部

生态保护部在大气环境质量监管方面的主要职责包括以下几方面。

1）负责建立健全大气环境保护基本制度。拟定并组织实施国家大气环境保护政策、规划，起草法律法规草案，制定部门规章。组织编制大气环境功能区划，组织制定各类大气环境保护标准、基准和技术规范。

2）负责重大大气环境问题的统筹协调和监督管理。牵头协调重特大大气污染事故的调查处理，指导协调地方政府重特大突发大气环境事件的应急、预警工作，协调解决有关跨区域大气环境污染纠纷。

3）承担落实国家减排目标的责任。组织制定主要大气污染物排放总量控制和排污许可证制度，并监督实施，提出实施总量控制的大气污染物名称和控制指标，督察、督办、核查各地大气污染物减排任务完成情况，实施大气环境保护目标责任制、总量减排考核并公布考核结果。

4）承担从源头上预防、控制大气污染和大气环境破坏的责任。受国务院委托对重大经济和技术政策、发展规划以及重大经济开发计划进行大环境影响评价，对涉及大环境保护的法律法规草案提出有关大环境影响方面的意见，按国家规定审批重大开发建设区域、项目大环境影响评价文件。

5）负责大气污染防治的监督管理。制定大气污染防治管理制度并组织实施，组织指导城镇和农村的大气环境综合整治工作。

6）负责大气环境监测和信息发布。制定大气环境监测制度和规范，组织实施大气环境质量监测和大气污染源监督性监测。组织对大气环境质量状况进行调查评估、预测预警，组织建设和管理国家大气环境检测网和全国大气环境信息网，建立和实行大气环境质量公告制度，统一发布国家大气环境综合性报告和重大大气环境信息。

（2）地方各级环境保护部门

地方各级环境保护部门在各自辖区内关于大气环境质量监管方面的主要职责包括以下几点。

1）根据国家大气环境保护的方针、政策和法律、法规，起草辖区内大气环境保护的地方性法规、规章，拟定大气环境保护规划；组织拟定并监督实施辖区内重点区域大气污染防治规划；组织编制大气环境功能区划。

2）负责组织实施辖区内大气污染防治法律、法规、规章、规划。

3）指导和协调解决辖区内各地区、各部门以及跨地区、跨流域的重点环境问题；调查处理重大大气污染事故；协调与邻近辖区的大气环境污染纠纷；负责大气环境监理和大气环境保护行政稽查；组织开展辖区内大气环境保护执法检查活动。

4）审核辖区总体规划中的大气环境保护内容；监督执行国家各类大气环境标准；编报辖区大气环境质量报告书，发布辖区大气环境状况公报。

5）组织实施各项大气环境管理制度，按国家规定审定开发建设活动大气环境影响报告书（表），指导城乡大气环境综合整治。

6）组织指导大气环境监测、统计、信息工作，监督执行大气环境监测制度和规范，负责管理辖区大气环境监测网和大气环境信息网，组织对辖区大气环境质量监测，组织对各类大气污染源的监督性监测。

2. 卫生监督体系

各级卫生监督部门的职责是做好对大气污染源新、改、扩建单位的卫生审查及卫生许可证核发，复合单位的采样、检验与卫生学评价工作；同时由各地疾病预防控制中心的环境卫生科室配合卫生监督机构完成上述任务，并开展针对性的大气污染与人群健康的研究工作。根据大气卫生监督工作的特点，主要将其分为以下两类。

（1）预防性卫生监督

预防性卫生监督是指国家法律、法规、规定或上级依法委托授权单位，依法对新建、改建、扩建的工矿企业、公共建筑、城乡规划进行卫生监督。

进行建设项目对大气污染的预防性卫生监督时，卫生监督机构依据卫生标准和卫生要求，从卫生学角度对规划方案或建筑设计进行卫生审查，预测拟建项目对大气环境质量的影响，监督设计方案，使规划、设计符合卫生学要求。

具体的大气质量预防性卫生监督类别又包括对城乡规划、工矿企业建设、交通运输线路建设、采暖锅炉和生活炉灶建设等几个部分。

（2）经常性卫生监督

大气污染的经常性卫生监督是指卫生监督机构对现有大气污染源执行国家法律、法规和规定的情况进行定期卫生监督。具体包括以下两部分。

1）环境监测 定期监测辖区内的污染源对大气的污染情况，加强对污染源的管理，降低污染源对大气可能造成的污染。

2）健康监测 建立辖区内人群健康状况信息网，要求医疗服务机构、疾病预防控制中心、计划生育办公室等机构定期将人群各种健康记录上报，并与大气污染状况结合分析，据此制定并采取居民健康保护措施。

5.2 大气污染防治标准

环境标准是环境管理的中心环节，抓住这个环节，强化环境管理就不是一句空话。各级环境保护部门及卫生监督部门依标依法负责并承担着环境质量的监督和管理任务，因此，"依法定标，依标监管"，对于提高环境管理的科学性、有效性具有十分重要的意义。

5.2.1 大气污染防治标准体系

自 1973 年以来，我国就有组织、有目的地开展了大气污染防治标准制度、理论和体系建设，历经标准制度初创期、法律框架建成期、标准作用强化期和标准条款完善期四个阶段。标准立法现已逐步走向成熟。

2015 年新修订的《中华人民共和国大气污染防治法》中的第二章系统规定了大气环保体系中大气环境质量标准（国家、地方）、大气污染物排放标准（国家、地方）、产品中的环境有害因素限制三类大气污染防治标准。

大气环境质量标准（ambient air quality standard，以下简称标准）是国家有关部门对大气中有害物质提出的法定最高限值以及为达到要求所规定的相应措施的技术法规和行为规范。标准是控制大气污染、保护居民健康和生态环境、评价污染程度及制定防护措施的法定依据。大气污染的影响范围广泛，暴露人群包括老、幼、病、残、孕等敏感人群，接触时间要考虑昼夜和长期等暴露特点，因此大气环境质量标准的制订离不开大气质量基准。

大气质量基准与大气质量标准是两个不近相同的概念。大气质量基准（ambient air quality criterion，以下简称基准）是采用科学方法研究得出的对人群不产生有害或不良影响的最大浓度，是根据剂量-反应关系和一定的不确定性系数得出的，其研究的主要内容是大气污染物表征、来源解析以及健康危害的暴露评价、剂量-反应关系评定和机体损伤机制等。标准与基准的区别与联系如下。

（1）制定依据不同

大气质量基准的制定包括三要点，即客观的实验或研究的结论性的数据，污染物暴露浓度及暴露时间，对机体不同等级的危害等，但它不考虑经济社会条件以及技术可行性等。大气质量标准制定依据遵守两个基本原则：一是以环境基准为科学依据，没有基准，标准就没有根基，就成了无源之水、无本之木；二是与经济社会发展相适应，不考虑社会、经济和社会等因素的影响，标准的宽严尺度就失去了判断准则，也影响了社会各项事业的发展。因此，基准是标准的基础。

（2）法律效力不同

"基准"的数值不具有法律意义。"标准"的数值必须由政府或其他权利机构批准颁布，具有法律效力。标准的制定是政治决策的一个过程。从这个角度讲，科学性和政策性是大气质量标准的两个基本属性。

（3）数值变化幅度不同

基准是以客观的实验研究数据为基础，这些数据在不同国家、不同人群中是个变化幅度较小的数值，而标准的限制值在不同国家之间差距较大。例如，CO 对不同地区居民的危害差不多，因此其基准数值并无明显差别，但 CO 的大气控制标准在不同国家的差异却十分显著。

2006 年世界卫生组织发布了最新全球大气质量基准（global air quality guidelines，以下简称 AQG），其基准值是在科学的基础上保护世界各国、各地区所有人群不受大气污染所致不良健康影响的数值，为各国制订大气质量标准提供了可靠的科学依据以及分阶段实施的具体目标。我国环境空气质量标准（GB3095-1996）与 AQG 相比差距较大，因此在 AQG 值的基础上，充分考虑我国能源结构等条件下，我国于 2012 年对其进行了修订，修订后的环境空气质量标准（GB3095-2012）增加了 PM 2.5项目，增加了 O_3 的 8h 限值，提高了 NO_2 的 1h 浓度限值，SO_2 浓度限值则维持不变。GB3095-2012 标准为我国现阶段进一步采取综合有效措施，改善和减轻大气污染，保护人群健康指明了方向。

表 5-1 选择我国标准和 WHO 基准中共有的污染物进行比较。

表 5-1　我国环境空气质量标准与 WHO 最新大气质量基准的比较

单位：$\mu g/m^3$

污染物	平均时间	AQG 值	GB3095-1996	GB3095-2012	GB3095-2012 与 AQG 的差值
PM 10	1 a	20	40	40	20
	24 h	50	50	50	0
PM 2.5	1 a	10		15	5
	24 h	25		35	10

污染物	平均时间	AQG 值	GB3095-1996	GB3095-2012	GB3095-2012 与 AQG 的差值
O₃	8 h	100	20 *	100	0
NO₂	1 a	40	40	40	0
	1 h	200	120	200	0
SO₂	24 h	20	50	50	30
	10 min	500	900 *	900 *	400

注：*换算值。

大气污染物排放标准则以大气环境质量标准和国家经济、技术条件为依据进行制定。具体制定思路是：一是依据环境容纳能力而定；二是根据可行污染控制技术包括污染预防技术和末端治理技术。制定排放标准时应根据污染对公众健康及生态环境的影响，选择纳入监管的污染物项目。排放标准体系中应包括固定源、移动源以及其他污染源排放标准。根据其权限范围，形成国家、地方、城市三级渐次严格的大气污染物排放标准体系。

5.2.2 我国大气环境质量标准的制定历史

为防治大气污染和保护居民健康，1962 年，由卫生部制定并颁布了《工业企业设计卫生标准》（GBJ1-62），这是我国制定的第一个真正意义的有关大气等环境质量的卫生标准。标准规定了常见的 19 种有害物质在居民区大气中的最高容许浓度。

1972 年，卫生部联合全国有关部门和单位，总结实践经验及制定大气卫生标准的研究结果，并参考国外有关资料，将标准 GBJ1-62 中的有害物质项目增加到 34 种，并提出灰尘自然沉降量的限制要求，从而形成标准 GBJ3-73。

1978 年，全国卫生标准科研协作会在京召开，会议提出大气卫生标准的科研任务以及制定环境有害物质最高允许浓度的方法。

1979 年，卫生部、国家计划委员会（现为国家发展和改革委员会）正式颁布《工业企业设计卫生标准》（TJ36-79），规定了居住区大气中 34 种有害物质的一次最高容许浓度和日均容许浓度。

1982 年，全国大气卫生标准研制座谈会召开，会议对"六五"计划中大气卫生标准相关科研课题进行了研究，组织了全国性研制协作组。随后，根据研究结果对个别污染项目进行了修订。如 1987 年修订了大气铅的日平均最高容许浓度，1989 年增加了可吸入颗粒物（PM 10）的日平均最高容许浓度。

1982 年，国务院环境保护领导小组办公室提出并制定了《大气环境质量标准》（GB3095-82）。

1996 年，国家环境保护总局（现为生态环境部）委托中国环境监测总站对原《大气环境质量标准》（GB3095-82）进行了修订，并于 1996 年 1 月 18 日颁布了修订后的《环境空气质量标准》（GB3095-1996）。

2000 年，国家环境保护总局发布了《〈环境空气质量标准〉（GB3095-1996）修改单》，修改单对个别污染项目进行了修订。

2002 年，卫生部修订了《工业企业设计卫生标准》（TJ36-79）。修订后分为两个标准：即工业企业设计卫生标准（GBZ1）和工作场所有害因素职业接触限值。修订后的工业企业设计卫生标准（GBZ1）适用于工业企业建设项目（新建、扩建、改建和技术改造、技术引进项目）的职业卫生设计及评价。原标准中涉及与环境保护有关的环境卫生标准部分不再进行规定。

2012 年，国家环境保护部（现为生态环境部）发布了《环境空气质量标准》（GB3095-2012），同时自该标准实施之日起，GB3095-1996 及其修改单和 GB9137-88（保护农作物的大气污染物最高允许浓度）废止。

5.2.3　标准中污染物的浓度限值

大气中有害物质的浓度受工业企业生产周期、污染物排放方式、气象条件等诸多因素的影响而时有变化，由此，不同有害物质对机体产生的有害作用也各不相同。我国不同时期发布的《环境空气质量标准》对此规定了大气污染物不同形式的浓度限值，如年平均浓度限值、24 小时平均浓度限值、1 小时平均浓度限值等，旨在限定相应时间段内平均浓度的最高容许数值。

我国环境空气质量标准中浓度限值以质量浓度（单位：mg/m^3）表示，即标准状况下 1 立方米空气中该物质的质量（单位：mg）。

1 小时平均浓度限值是指任何 1 小时污染物浓度的算术平均值。有些污染物质的短期暴露能使人体出现刺激、过敏或中毒等急性危害，因此标准制定了 1 h 平均浓度限值，其目的就是确保暴露接触者在短期内吸入该污染物不会产生上述任何一种急性危害。

年平均浓度限值是指一个日历年内污染物平均浓度的算术平均值。24 小时平均浓度限值是指一个自然日 24 小时平均浓度的算术平均值，又叫日平均。有些污染物对人体会产生一些慢性危害作用，因此标准制定了年均浓度限值和 24 小时平均浓度限值，这是保证经过长时间（数月至数年）的接触也不致引起居民特别是敏感人群发生慢性中毒、蓄积现象或远期不良健康效应。

5.2.4 主要的大气环境质量标准

以下对新中国成立以来几项主要的大气环境质量标准分别予以介绍。

（1）《工业企业设计卫生标准》（TJ36-79）

为贯彻执行"预防为主"的卫生工作方针和《中华人民共和国宪法》中有关国家保护环境和自然资源、防治污染和其他公害以及改善劳动条件，加强劳动保护的规定，使工业企业的设计符合卫生要求，保障人民身体健康，促进工农业生产建设的发展，我国卫生部、国家计划委员会于1979年颁布实施了《工业企业设计卫生标准》（TJ36-79），规定了居住区大气中34种有害物质的一次最高容许浓度和日平均最高容许浓度，包括 CO、SO_2、飘尘、氟化物、砷化物、氨、NO_x 及各种有机污染物等。

该卫生标准第十二条规定：设计产生有害工业废气的工业企业时，应积极改革工艺过程，使之少产生或不产生废气；对于必须向外排放的有害废气，应采用行之有效的废气回收、综合利用和净化处理等措施，并根据当地规划和自然条件的特点，使排入大气经扩散稀释后，居住区大气中有害物质的最高容许浓度，不得超过相应的标准限值。

（2）《大气环境质量标准》（GB3095-82）

根据《中华人民共和国环境保护法（试行）》的规定，为控制和改善大气质量，创造清洁适宜的环境，防止生态破坏，保护人民身体健康，促进经济发展，国务院环境保护领导小组办公室提出并制定了《大气环境质量标准》（GB3095-82），将大气环境质量标准分为三级。

一级标准：为保护自然生态和人群健康，在长期接触情况下，不发生任何危害影响的大气质量要求。

二级标准：为保护人群健康和城市、乡村的动、植物，在长期和短期接触情况下，不发生伤害的大气质量要求。

三级标准：为保护人群不发生急、慢性中毒和城市一般动、植物（敏感者除外）正常生长的大气质量要求。

标准中规定的大气污染物种类包括总悬浮微粒、飘尘、SO_2、NO_x、CO 和光化学氧化剂（O_3）。公布的污染物浓度限值类型包括一次浓度限值和日平均浓度限值，其中对 SO_2 还规定了年日平均浓度限值（任何一年的日平均值均不得超过该值），光化学氧化剂（O_3）则采用了 1h 平均浓度限值的形式。

此外，根据各地区的地理、气候、生态、政治、经济和大气污染程度，确定大气环境质量区分为三类。

一类区，为国家规定的自然保护区、风景游览区、名胜古迹和疗养地等。

二类区，为城市规划中确定的居民区、商业交通居民混合区、文化区、名胜古迹和广大农村等。

三类区，为大气污染程度比较重的城镇和工业区，以及城市交通枢纽、干线等。

一类区由国家规定，二、三类区以及适用区域的地带范围由当地人民政府划定。

各类大气环境质量区执行标准的级别规定如下。

一类区一般执行一级标准。

二类区一般执行二级标准。

三类区一般执行三级标准。

凡位于二类区内的工业企业，应执行二级标准；凡位于三类区内的非规划居民区，应执行三级标准。

标准同时规定了各项污染物的监测分析方法，大气的监测工作按标准分析方法进行，大气标准实施与管理由各级政府环境保护机构负责监督实施。

（3）《环境空气质量标准》（GB3095-1996）

根据《中华人民共和国环境保护法》《中华人民共和国大气污染防治法》及国家标准化工作程序的规定，为改善环境空气质量，防止生态破坏，创造清洁适宜的环境，保护人体健康，国家环境保护局于 1996 年 1 月 18 日颁布了修订后的《环境空气质量标准》（GB3095-1996），1996 年 10 月 1 日起在全国实施，代替 GB3095-82。

新标准对原标准进行了较大幅度的修改和补充，规定了环境空气质量功能区划分，标准分级、污染物项目、取值时间及浓度限值，采样与分析方法及数据统计的有效性，适用于全国范围的环境空气质量评价。

新标准中规定的大气污染物种类包括 SO_2、总悬浮微粒物、PM 10、NO_x、NO_2、CO、O_3、铅、B［a］P 和氟化物。根据污染物的特点和适用条件，新标准分别规定了上述污染物的 1 小时、日、月、季或年平均浓度限值。

此后，国家环境保护总局 2000 年发布了《（环境空气质量标准）（GB3095-1996）修改单》，于 2000 年 1 月 6 日起实施。修改单取消了 NO_x 指标，并对 NO_2 和 O_3 的标准进行了修改，使《环境空气质量标准》更适应我国环境保护工作和国民经济发展的需要。

《环境空气质量标准》（GB3095-1996）中对各项大气污染物的浓度限值参见该标准附录一。

（4）《环境空气质量标准》（GB3095-2012）

为贯彻《中华人民共和国环境保护法》和《中华人民共和国大气污染防治法》，保护和改善生活环境、生态环境，保障人体健康，制定本标准。

自本标准实施之日起，《环境空气质量标准》（GB3095-1996）《（环境空气质量标准）（GB3095-1996）修改单》（环发（2000）1号）和《保护农作物的大气污染物最高允许浓度》（GB9137-88）废止。

本标准规定了环境空气功能区分类、标准分级、污染物项目、平均时间及浓度限值、监测方法、数据统计的有效性规定及实施与监督等内容。

本标准修订的主要内容如下。

——调整了环境空气功能区分类，将三类区并入二类区；

——增设了颗粒物（粒径小于等于2.5 μm）浓度限值和臭氧8小时平均浓度限值；

——调整了颗粒物（粒径小于等于10 μm）、二氧化氮、铅和苯并〔a〕芘的浓度限值；

——调整了数据统计的有效性规定。

5.3 大气环境监测

大气环境监测是指为了特定目的，对大气环境中的各种有害物质进行间断或连续的测定、分析其变化，从而判断大气污染程度及其来源。大气环境监测主要包括大气污染源监测和环境监测。城市大气环境污染监测直接体现其空气质量的概貌，是开展大气环境保护管理、环境质量评价和预测、环境科学研究等的基础，为环保部门制定环境管理规划、相关法律法规提供资料和数据，也为大气污染预防措施提供有力依据。

5.3.1 颗粒物的监测

1. 颗粒物的环境监测

目前我国城市各级环保部门的大气颗粒物的环境监测主要以室外颗粒物监

测为主。为了能真实反映城市大气颗粒物污染总体水平及变化规律，采样点应具有典型特征。采样点的具体布设应遵循以下优化原则。

1）采样点选取时，应综合考虑整个城市范围大气污染源的分布，同时考虑城市建设和近期发展规划。

2）监测点位应根据城市功能分区进行优化布设。在城市主要功能分区内布设点位，如污染严重的工业区（或经济开发区）、商业混合区、居民生活住宅区、清洁对照区等，整体布局要尽量分布均匀。清洁对照点要设在远离人群且在城区主导风向上风向的地域内。

3）不同监测点位的设置条件应尽可能一致，从而所获得的监测数据才具有可比性。对经常性环境监测而言，确定大气采样点之后一般不要更换，以免影响大气环境监测资料的时间连续性。

4）采样点的布设要体现环境监测的科学性。要尽可能使每个采样点获得的数据覆盖面大、代表性强、重复性小。

一般地，根据城市功能分区的不同，每个功能类型的分区可设置 2~3 个颗粒物采样点。但不同地区的具体规定和要求也可酌情调整采样点位数。在空旷地点，采样仪器放置在 3~5 m 的高度，以免受到个别局部因素（如周围建筑、机动车等移动污染源）的干扰及地面飞起扬尘的影响。

采样频次及周期应根据监测目的和监测条件而定。如果进行建设项目的大气环境质量现状和影响预测评价等，应按环评规定采用不同的采样周期及频率；如果实行空气质量日报，则应每天采样数次，计算其日平均值。目前，大多环保部门已采用连续自动监测系统获取大气每日实时监测数据。采样时应记录当时天气状况（如测定气压和气温）、采样时间、仪器泵流量等，采样结果以单位体积内颗粒物含量（mg/m^3）表示。

（1）颗粒物组分分析

控制颗粒物的污染影响，不仅需要掌握其质量浓度，还应对其来源及组分等进行分析，因为不同来源的颗粒物的物理特征和化学成分与其人体健康效应密切相关，只有对其来源及组分做出正确判断，才能更好地提出防治对策。

随着分析测试技术的不断改进和发展，颗粒物组分的检测手段也日渐丰富。通过表 5-2 的手段或方法除了可测定分析到大气颗粒物中的一些化学成分及形态特征等外，也可定性地鉴定颗粒物的来源。

表 5-2 颗粒物组分测定方法

颗粒物组分	测定方法
有机碳或元素碳	热/光反射法（thermo-reflectance method，TOR）
微量元素和痕量元素颗粒整体化学组成	X 射线荧光光谱（x-ray fluorescence spectrum，XRF） 仪器中子活化分析（instrumental neutron activation analysis，INAA） 原子吸收光谱（atomic absorption spectroscopy，AAS） 等离子体原子发射光谱（plasma atomic emission spectroscopy，ICP-AES） 等离子体质谱（plasma mass spectrometry，ICP-MS）
微区分析	带能谱的扫描电镜（scanning electron microscopy with energy spectrum，SEM-EDX） 透射电镜（transmission electron microscopy，TEM-EDX） 二次离子质谱仪（secondary ion mass spectrometer，TOF-SIMS）
PAH 等有机物质	高效液相色谱（high performance liquid chromatography，HPLC） 色-质联用（gas chromatography mass spetrometry，GC-MS）

（2）颗粒物源解析

所谓颗粒物源解析（source apportionment）就是利用各种污染源特征，找到污染源与颗粒物之间的定性或者定量关系，为这些污染源的控制提供科学依据。源解析的主要方法可分为两大类：一类是扩散模型，另一类是受体模型。其目的就是通过颗粒物监测和源解析技术获得环境中的颗粒物以及各种污染源排放的颗粒物的质量浓度和化学成分信息，采用多元统计分析方法综合分析，从而科学判断大气环境中颗粒物污染状况、污染程度和污染来源类型以及各自的贡献值和分担率。

扩散模型是指与源排放清单相结合，计算单一点源或者某一类源的贡献值。扩散模型在情景分析或分析控制措施效果方面具有优势，但此法需要的源排放清单具有很大的不确定性，特别是一些人为无组织排放源、天然源和二次细粒子源的参数更难以确定。

受体模型是指通过测量和大气环境中（受体）颗粒物的物理特征、化学成分，定性识别对受体有贡献的污染源并定量估算各污染源的贡献的方法。与扩散模型相比，受体模型不依赖于污染源的排放条件、气象、地形等因素，不用追踪颗粒物的迁移过程，避开了应用扩散模型遇到的困难。其具体模型包括化学质量平衡模型（chemical mass balance，CMB）、正定矩阵分解模型（positive matrix factorization，PMF）、主因子分析法（principal component analysis, PCA)等。受体模型技术作为颗粒物源解析的一种重要手段，已经形成了一个成熟的方法体系，现在已应用于城市、区域以至全球的大气环境的研究之中。但是，由于受体模型假定在颗粒物输送过程中的分裂和转化过程是不相关的，污染物模式在输送和扩散过程中不会改变，二次颗粒物的信息难以引入模式，因此给受体模型应用于 PM 2.5 甚至超细颗粒物的源解析带来了局限。虽然如此，但 CMB 受体模型仍受到各国研究人员的认可和推荐。我国国家环保总局 1993 年下发的《城市环境综合整治规划编制技术大纲》中，明确规定使用受体模型 CMB 进行城市颗粒物污染源解析工作。

总而言之，受体模型和扩散模型各有特点，如果将两者结合，可用于改进源清单以及评价模型对每个源的模拟情况。

2. 个体颗粒物暴露测量

监测环境中的颗粒物水平对于研究环境中颗粒物对人体的健康影响还远远不够，还需要利用人体暴露数据，将两者联系起来，并据此获得更为准确的颗粒物暴露剂量–效应关系。个体颗粒物暴露的监测分为外暴露和内暴露监测。

（1）外暴露监测

外暴露是指人体直接接触的空气污染物水平，外暴露监测（external exposure monitoring）就是采用模型预测等手段推算出或通过采集空气样品测定出人体接触到的污染物浓度水平。外暴露监测又分为人群暴露监测和个体暴露监测。大多数情况下选取固定监测点测定颗粒物浓度作为个体颗粒物暴露浓度，分析人群颗粒物暴露的影响，此法称为人群暴露监测，它常直接用于环境流行病学研究中。但是，使用固定点位监测浓度的资料代表人群颗粒物暴露水平的方法虽然简便，但对于来源特异性颗粒物的暴露评价，仍会存在较大的差异或局限。比如，此法对于交通警察、公交车或出租车司机等暴露人群的颗粒物危险度评价就不太合适。个体外暴露监测是通过某些方法或模型获取单一个体周围微环境的空气污染物浓度水平，其主要有直接法和间接法两种。

1）直接法　受试人员随身携带个体采样器或在线监测器。个体采样器或在线监测器可以连续采集人体呼吸区域内的颗粒物，采样后根据仪器流量、采样温度、采样气压、采样量、采样时间等计算个体在一定时间内暴露的颗粒物浓度水平。

2）间接法　采用模型间接评价个体暴露水平。一是时间平均法，即把微环境的平均浓度和个体在此环境中所度过的时间进行加权综合，作为个体暴露水平；二是时间序列法，即连续监测微环境的颗粒物浓度作为个体在这段时间内的暴露水平。一般来说，时间平均法比较简单易行，时间序列法则更为科学。

个体外暴露监测具有一定局限性，它只是表示人体可能接触到的颗粒物浓度水平，并不能代表真正已进入人体内的颗粒物水平，而只有个体内暴露监测就可以直接反映机体对颗粒物的实际负荷，因为只有进入机体的颗粒物才真正参与机体体内的代谢、积蓄、转运或排泄过程。

（2）内暴露监测

内暴露监测（internal exposure monitoring）是指通过监测人体的血、尿、头发、痰液或其他生物材料中的生物标志或者利用动物体内物质代谢外推模型估算来获取有害物质的作用于人体的实际浓度水平。只有将个体外暴露监测量与内暴露监测量结合起来，进行综合分析和估算，才能正确评价空气颗粒物对人体的健康影响。

生物标志物（Biomarker）是指可以标记系统、组织、器官、细胞及亚细胞结构或功能的改变或可能发生的改变的生化指标。生物标志物因为可以提供对个体特异性暴露更为准确的测定数据而具有广泛的用途，它对暴露剂量−效应关系的确定也可提供可靠的基础。但生物标志物的使用也有一定的局限性。比如，目前尚没有一种特定的内暴露生物标志物能显示颗粒物的内暴露，只能通过颗粒物上吸附的大量的有毒有害物质如 PAH 等的内暴露来间接反映人体对于颗粒物的暴露水平。

5.3.2　气态污染物的监测

环境空气样品中气态污染物的性质不同，成分复杂，污染物的含量差别也较大，因此，要根据样品特点和待测组分的情况，考虑各种因素，有针对性地选择适合的测定方法，在选定测定方法时要特别注意以下五点。

1）为了使测定分析结果具有可比性，应尽可能选用现行国家规定的环境监测的统一标准分析方法。

2）在条件许可的情况下，对某些项目尽可能采用具有专属性的单项成分测定仪。

3）在多组分测定中，如有可能选用同时兼有分离和测定功能的分析方法。

4）根据样品待测物浓度的大小分别选择化学分析法或仪器分析法，例如，含量大的污染物选择容量法测定，含量低的污染物选择适宜的仪器分析法。

5）在经常性的测定中，应尽可能采用连续性自动测定仪。目前，我国大多城市都采用空气污染连续自动监测系统，它是一套区域性空气质量实时监测网，其中空气质量监测自动测定分析仪是其核心组成部分。

我国例行监测气态污染物的必测项目有 SO_2、NO_2、CO 等，其常用测定方法见表 5-3。

表 5-3　常见气态污染物的测定方法

	监测项目	常用测定方法	备注
例行项目	SO_2	分光光度法、紫外荧光光谱法、电导法、库仑滴定法和气相色谱法	紫外荧光光谱法和电导法主要用于自动监测
	NO、NO_2	盐酸萘乙二胺分光光度法、化学发光法及原电池库仑滴定法	
	CO	非色散红外吸收法、气相色谱法、定电位电解法、汞置换法	非色散红外吸收法常用于自动监测
可选项目	氟化物	分光光度法、离子选择电极法	
	O_3	硼酸碘化钾分光光度法、化学发光分析法和紫外吸收法	化学发光分析法和紫外吸收法多用于自动监测

5.4　大气环境质量评价

20 世纪后，科技、工业及交通都获得迅猛发展，由此带来环境污染问题也日益严重，世界各国都不同程度遭受到严重环境问题以及环境突发事件的发生。越来越多的民众清醒地意识到，自然生态系统的维持，人类经济社会的发展，以及人类健康的保持都与本地区的环境质量状态和结构密切相关。为了研究、认识和解决人的社会经济行为与环境的关系问题，环境质量评价和影响评价应运而生。按照环境因素，环境质量评价一般可分为大气环境、地表水环境、地下水环境、土壤环境、噪声环境质量评价等。

5.4.1　空气质量等级

大气环境质量评价是指各级环保部门按照一定的评价指标和评价方法，评定大气环境质量满足人类社会生存发展的程度，其实质就是研究人与大气环境之间的关系。大气环境监测是大气环境质量评价的前提，通过全面、系统、准确的大气环境监测数据，对数据进行科学的处理和总结，才能对大气环境质量进行准确评价。大气环境质量评价是区域整体环境质量现状综合评价的基础之一。

为向公众提供健康指引，环保部门环境空气质量播报主要采用大气污染指数和空气质量等级来直观地描述和评价大气污染水平。目前，全国许多省份已基本实现大气污染实时监测系统，其配套监测设备为大气环境监测质量控制提供了智能化和数字化。例如，山西省监测部门应用数字化监测系统的各种传感设备对大气污染进行数据信息采集，以大气污染指标为标准，通过对数据信息的深度分析，实现了站点空气质量小时数据汇报、空气质量预报、月报、降尘监测月报等。有效提高了大气污染监测的准确性以及高效性。

为了简单直观地描述各种污染物对大气的污染程度及其生态环境效应和对人体健康的影响，把污染物浓度、污染等级等大气质量参数之间的关系采用统一的数学公式表示出来，这就是空气质量指数（air quality index，AQI）或者环境空气质量综合指数。不同污染物都各有自己的空气质量指数，称为分指数（individual air quality index，IAQI）。由于 AQI 具有可比性、表达形式简明等优点，所以在《全国重点城市空气质量周报技术规定》（环监 [1997] 371 号）和《城市空气质量日报技术规定》（总站办字 [2000] 026 号）中均规定采用 AQI 播报城市空气污染状况。目前计入空气质量指数的项目为 SO_2、NO_2、PM 10、CO 和 PM 2.5。根据统一规定，用 0～500 分别对应我国大气质量标准中日均值的一级、二级浓度限值。空气污染指数中的 500，相当于对人体健康产生明显危害的污染程度。表 5-4 表示 IAQI 分级对应污染物浓度限值之间的相互转换关系，表 5-5 为 AQI 分级与相应的空气质量类别。

表 5-4 IAQI 分级对应污染物日均浓度限值

IAQI	污染物日均浓度（mg/m^3）				
	PM 10	PM 2.5	SO_2	NO_2	CO
50	0.050	0.035	0.050	0.040	0.002
100	0.150	0.075	0.150	0.080	0.004
150	0.250	0.115	0.475	0.180	0.014
200	0.350	0.15	0.800	0.280	0.024
300	0.420	0.25	1.600	0.565	0.036
400	0.500	0.35	2.100	0.750	0.048
500	0.600	0.5	2.620	0.940	0.060

表 5-5　AQI 分级与相应的空气质量类别

AQI	级别	空气质量	表征颜色	对健康的影响
0~50	I	优	绿色	基本无空气污染
51~100	II	良	黄色	空气质量可接受，可正常活动
101~150	III	轻度污染	橙色	易感人群症状有轻度加剧，健康人群出现刺激症状
151~200	IV	中度污染	红色	进一步加剧易感人群症状，可能对健康人群心脏、呼吸系统有影响
201~300	V	重度污染	紫色	心脏病和肺病患者症状显著加剧，运动耐受力降低，健康人群普遍出现症状
>300	VI	严重污染	褐红色	健康人运动耐受力降低，有明显强烈症状，提前出现某些疾病

5.4.2　大气环境质量现状评价

建设项目的大气环境影响评价按照时间顺序一般又分为大气环境质量现状评价、大气环境影响预测评价和大气环境影响后评价。大气环境影响后评价是指对建设项目实施后的大气环境影响以及相应的防范措施的有效性予以跟踪监测和验证性评价。

大气环境质量现状评价是指在大气环境质量现状调查和监测的的基础上，统计分析项目所在区域大气环境的质量现状并加以评价的过程。大气环境质量现状评价方法主要采用对标法，即对照各种大气污染物有关的环境质量标准，分析其短期浓度（日均、小时平均）、长期浓度（年均、季均、月均）的达标情况。虽然影响大气环境质量状况的因素有很多，比如气象因素，但污染仍是造成大气环境质量恶化的主要原因，因此，大气污染物的各种浓度值仍是进行大气环境质量现状评价的最主要资料。

大气环境质量评价的基本程序见图 5-1。

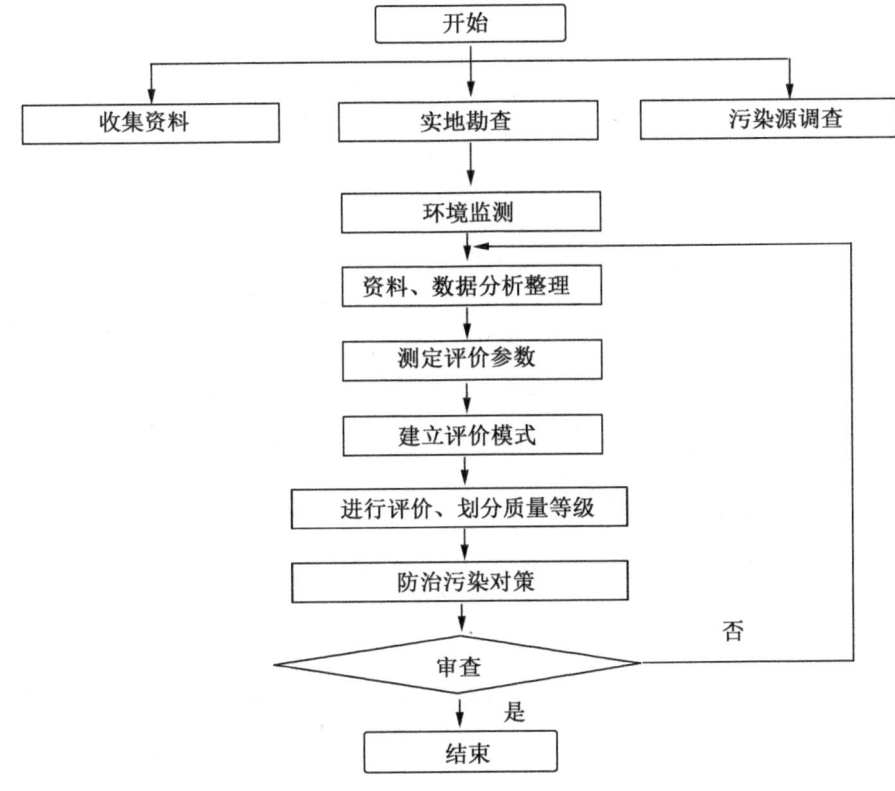

图 5-1 大气环境质量评价的基本程序

1. 评价因子的选定

评价因子是指在进行环境质量评价时所认定的对环境有较大影响的那些污染因子。根据本地区污染源和例行监测资料，选择带有普遍性的主要大气污染物作为评价因子。

1）尘 总悬浮微粒（TSP）、可吸入颗粒物（PM 10）；

2）有害气体 硫氧化物如 SO_2、氮氧化物如 NO_2、一氧化碳（CO）、臭氧（O_3）；

3）有害元素 氟、汞、铅、镉、砷等；

4）有机物 苯并［a］芘、总烃或非甲烷总烃。

2. 大气污染监测

根据选定的环评评价因子、项目所在区域的大气污染源分布、地形、气象条件等，确定恰当的布点方法和采样方法，设计监测网络系统，获取能代表所在区域的大气环境质量的监测数据。

3. 评价方法

空气环境质量采用空气质量指数法进行评价，依据是我国环境保护标准 HJ633-2012，即环境空气质量指数（AQI）技术规定（试行）。

空气质量分指数 IAQI 和空气质量指数 AQI 的计算公式分别表示如下：

$$IAQI_P = \frac{IAQI_{Hi} - IAQI_{L0}}{BP_{Hi} - BP_{L0}} (C_P - BP_{L0}) + IAQI_{L0}$$

$$AQI = \max \{IAQI_1, IAQI_2, IAQI_3 \cdots, IAQI_n\} \quad 式中，$$

$IAQI_{Hi}$——表 5-1 中与 BP_{Hi} 对应的空气质量分指数；

BP_{Hi}——表 5-1 中与 C_P 相近的污染物浓度限值的高位值；

$IAQI_{L0}$——表 5-1 中与 BP_{L0} 对应的空气质量分指数；

BP_{L0}——表 5-1 中与 C_P 相近的污染物浓度限值的低位值；

C_P——污染物项目 P 的质量浓度值；

n——污染物的项目数；

$IAQI_P$——污染物项目 P 的空气质量分指数；

AQI——空气质量指数。

4. 大气质量评价

求得空气质量指数 AQI 后，对照表 5-2 即可判别相应的空气环境质量级别。下面以示例说明之。

示例：某地区某天 PM 10、SO_2、NO_2 的监测值分别为 0.325、0.1825 和 0.075 mg/m³，问，该地区的首要污染物是什么？空气质量状况如何？

PM 10 监测值为 0.325mg/m³，对照表 5-1，其值介于 0.250 和 0.350 mg/m³ 之间，分指数分别对应 150 和 200，则 PM 10 的分指数为：

$$I_1 = \frac{200-150}{0.350-0.250} \times (0.325-0.250) + 150 = 188$$

PM 10 的分指数为 188。类似地，SO_2、NO_2 的分指数分别为：

$$I_2 = \frac{150-100}{0.475-0.150} \times (0.1825-0.150) + 100 = 105$$

$$I_3 = \frac{100-50}{0.08-0.04} \times (0.075-0.04) + 50 = 94$$

SO_2、NO_2 的分指数分别为 105 和 94。

$$AQI = \max (I_1, I_2, I_3,) = \max (188, 105, 94) = 188$$

对照表 5-3，该地区那天的首要污染物是 PM 10，空气质量状况为中度污染。

5.4.3 大气环境影响评价

识别人类生活、生产行为对大气环境产生的影响并制定出预防或者减轻对大气环境不利影响的对策和措施的过程就是大气环境影响评价，它包括影响预测、分析及评价。最常见影响评价对象是建设项目。大气环境影响预测方法常常采用数学模型法，即模拟建设项目的大气污染物在气象、地形条件下的迁移、扩散过程。

1. 大气环境影响评价工作程序

建设项目的大气环境影响评价的工作程序包括第一阶段（准备阶段）、第二阶段（实施阶段）和第三阶段（总结阶段）。

第一阶段包括提出环评任务、组织有关编制人员、收集有关资料、组织现场调查及审定任务是否具备环评条件等，具体包括研究有关大气方面的环境文件，弄清建设项目基本概况，初步分析项目的大气环境影响因素及生态影响因素，调查当地大气环境质量现状及项目的环境空气敏感目标，根据项目特点及当地环境状况选取项目大气评价参数，确立评价质量标准和排放标准，编制工作方案，确定大气环评评价工作等级和评价范围。

第二阶段包括工程分析、影响预测模拟等，具体工作包括项目大气污染源的调查与核实；通过大气环境现状调查或监测与评价，取得大气环境本底浓度值；收集评价区地形数据、气象资料，通过调查和分析获取大气预测所需的气象地形资料；研究评价区大气扩散规律获取大气扩散参数；选择适用于评价区的大气扩散模式和烟气抬升高度模式；通过污染浓度预测，进行大气环境影响预测与评价。

第三阶段总结阶段包括分析评价、资料汇总、总结报告等，具体工作包括分析和评价预测结果，据此得出大气环境影响评价结论，并提出相应的预防和改善大气质量的对策和建议，编写大气环境影响评价表或书，提交相应环保部门审批等。

大气环境影响评价的基本程序如图5-2所示。

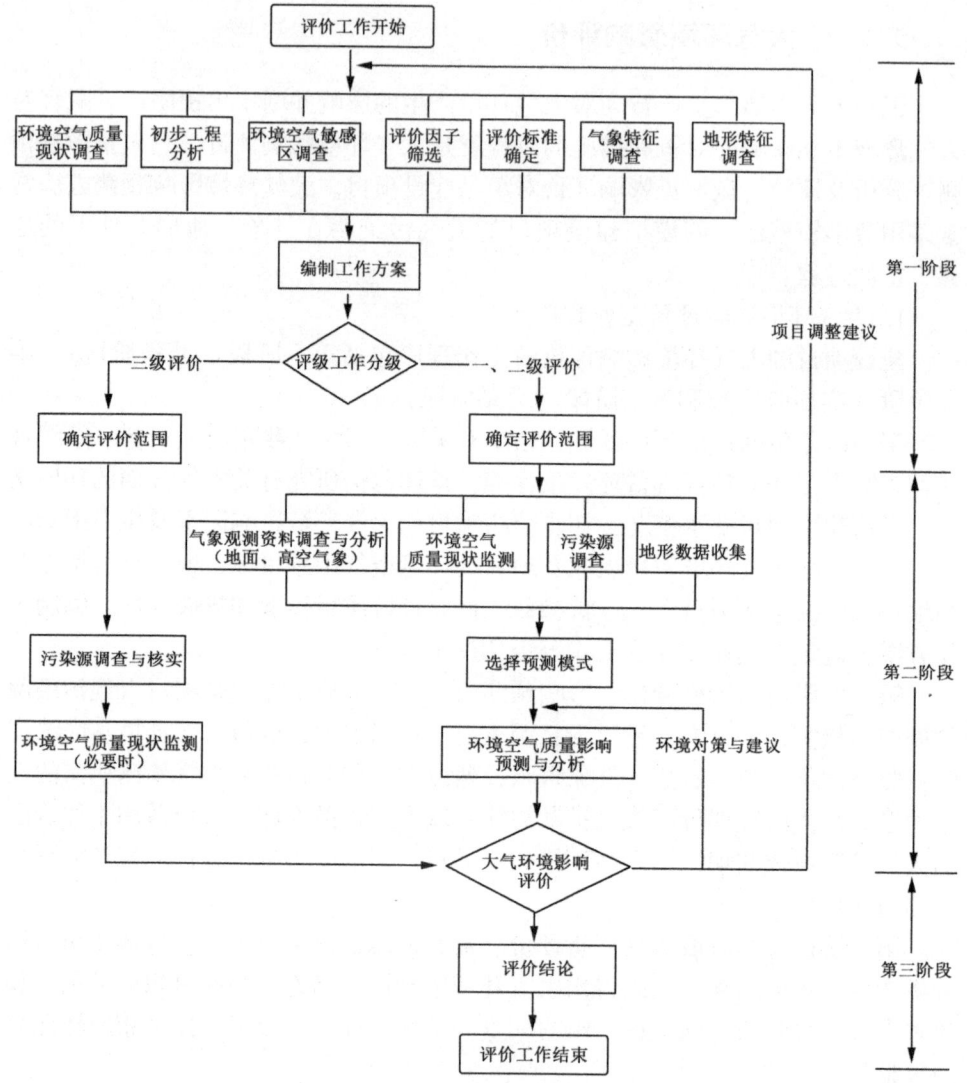

图 5-2　大气环境影响评价工作程序

2. 大气环境影响预测评价工作等级

根据拟建项目的初步工程分析结果，选择正常排放的主要大气污染物排放量及排放参数，采用估算模式计算各污染物在简单平坦地形、全气象组合情况下的最大影响程度和最远影响范围，然后根据分级判据进行评价工作分级。

根据项目的初步工程分析结果，选择 1~3 种主要污染物，分别计算每一种污染物的最大地面质量浓度占标率 P_i（第 i 个污染物），及第 i 个污染物的地面质量浓度达标准限值 10%时所对应的最远距离 $D_{10\%}$。其中 P_i 定义为：

$$P_i = \frac{C_i}{C_{0i}} \times 100\%$$

式中：

C_{0i}-第 i 个大气污染物的环境空气质量标准，mg/m³；

C_i-采用估算模式计算出的第 i 个大气污染物的最大地面质量浓度，mg/m³；

P_i-第 i 个大气污染物的最大地面质量浓度占标率，%。

3. 大气环境影响预测

在实际大气环境影响评价工作中，大气污染物浓度扩散预测常以高斯大气扩散公式为主。高斯模型应用于下垫面均匀平坦、气流稳定的小尺度扩散问题。一般均取 x 轴与平均风向一致，z 轴指向天顶的坐标系。

采用高斯模型应遵循以下假设。

1）污染物在 yoz 平面呈正态分布，在 x 方向只考虑迁移，不考虑扩散。

2）在整个空间风速均匀、稳定，$u>1\mathrm{m/s}$。

3）污染源连续排放污染物，且排放均匀恒定。

4）污染物在扩散过程中质量守恒。

连续点源烟流扩散公式：

$$c(x,y,z) = \frac{Q}{2\pi\sigma_y\sigma_z u} \exp\left[-\frac{y^2}{2\sigma_z^2}\right] \cdot \left\{\exp\left[-\frac{(z-H_e)^2}{2\sigma_y^2}\right] + \exp\left[-\frac{(z+H_e)^2}{2\sigma_z^2}\right]\right\}$$

式中，

Q-大气污染物源强，即释放率，mg/s；

σ_y、σ_z 分别表示水平方向、垂直方向扩散参数；

u-排气筒出口处的平均风速，m/s；

x，y-分别表示下风向、横风向距离，m；

z-距地面的高度，m；

He-有效排放高度，m；

C（x，y，z）-表示下风向点（x，y，z）处的空气污染物浓度，mg/m³。

5.5 清洁生产和循环经济

茫茫宇宙，广阔无垠；星云密布，数量无穷。但茫茫星海中唯一能孕育生命的星体只有一个，那就是地球。地球是人类和一切生物的母亲。她提供给我们清新的空气、洁净的水源、肥沃的土地、丰富的矿藏、多样化的生物。但是从 20 世纪以来，科技空前发展，社会生产力极大提高，人类创造了前所未有的物质财富。同时，人类却忽视了人与自然的相互依赖性，忽视了资源和生态的可持续发展。大气污染、资源枯竭、土地沙化等一系列问题给人类的生存和发展带来严重威胁。

1. 清洁生产的产生及基本概念

清洁生产是针对末端治理提出的一种创新性思想。20 世纪 70 年代以来，针对日益恶化的全球环境，世界各国不断增加投入，治理生产过程中所排放的大气污染物、水污染物及固废，这种污染控制战略被称为"末端治理"即先污染，后治理。这种方式虽然减轻了环境污染程度，但却未从根本上改变全球环境恶化的趋势，反而提高生产企业生产成本和运行费用，由此企业背上了沉重的经济负担。针对这种状况，科研人员不断寻找解决办法，认为环境保护的根本出路是"防污"，要防治结合，防大于治。由此提出清洁生产和循环经济吸收的理念。

清洁生产（cleaner production）的基本思想最早出现于 1976 年美国 3M 公司推行的 3P（Pollution Prevention Pays）活动中，后来，清洁生产这个概念是由联合国环境规划署（United Nations Environment Programme，UNEP）于 1989 年首次提出并给出定义。1996 年 UNEP 对清洁生产进行了重新的定义：即清洁生产是指将整体预防的环境战略持续应用于生产过程、产品和服务中，以期增加生态效率并减少对人类和环境的风险。不同国家的清洁生产有不同名称，如"无废工艺（waste-freetechnology）""废物减量化（wastelosing）""污染预防（pollutionprevention）"等。我国《清洁生产促进法》给出清洁生产规范性阐述，即为不断采取改进设计、使用清洁的能源和原料、采用先进的工艺技术与设备、改善管理、综合利用等措施，从源头削减污染，提高资源利用效率，减少或者避免生产、服务和产品使用过程中污染物的产生和排放，以减轻或者消除对人类健康和环境的危害。

图 5-3 表示清洁生产过程。

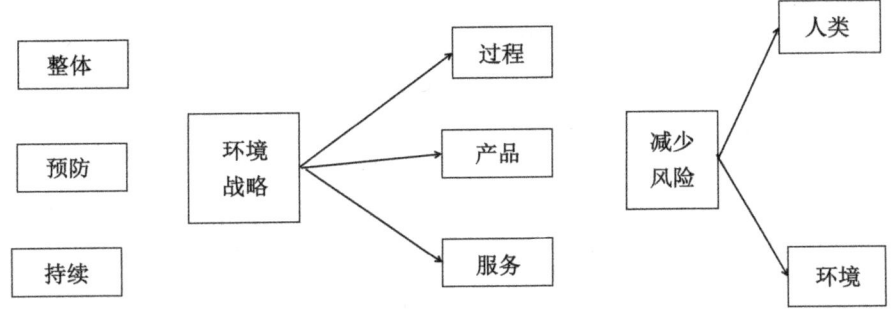

图 5-3   清洁生产示意图

2. 循环经济的产生及基本概念

20 世纪 30—60 年代在世界范围发生的八大环境公害事件逐步引起各国公众及研究人员对传统发展的反思。以美国生态学家 Carson 于 1962 年发表的《寂静的春天》和 Meadows 等人 1972 年发表的《增长的极限》为代表，人们逐步认识到生物界以及人类所面临的环境危险。1973 年、1978 年及 1990 年发生的三次石油危机成为人们产生节约能源思想意识的导火索。我国在 20 世纪八十年代也出现资源短缺、能源供应紧张等形势。正是上述原因推动了我国乃至世界范围内循环经济的研究和发展。美国学者 E·Boulding 于 20 世纪 60 年代首次在其专著《宇宙飞船经济观》提出循环经济（circular economy）理念，英国环境经济学家 David 皮尔斯和图奈首先使用循环经济这一术语。与国外相比，我国学者对循环经济的理论研究更为深入，发表了诸多有关循环经济的文章和论著。目前，循环经济已经成为我国与国际合作的重点领域之一。

不同的角度对循环经济概念的界定有所不同。比如，从人与自然关系的角度而言，循环经济本质是一种生态经济，它要求运用自然生态的一般规律来指导人类社会的经济活动。人类的经济系统就像自然生态系统遵循物质循环和能量流动规律，从而构成一种新形态的经济。从资源综合利用角度而言，循环经济的目标就是实现资源低投入、生产高效率和污染低排放的经济发展；从环境保护角度而言，循环经济强调环境保护与经济活动是一个协调统一的整体，从根本上阐述了环境与经济的相互关系及深刻内涵。我国《循环经济法》则对其作了规范性表述，即循环经济是生产、流通和消费过程中进行减量化、再利用、资源化活动的总称。

3. 循环经济与传统经济的比较

传统经济是一种由"资源—生产产品—产品消费—废弃物排放"所构成

的物质单向流动的经济，即线性经济或开环经济。在这种经济活动中，人们采用高强度、高频次将矿产资源和能源开发出来，又以粗放性和一次性的形式利用资源和能源生产加工产品，然后将产生的大量污染和废物排放到环境中去，其实质就是把资源源源不断地变成废物来实现数量型的经济增长，从而导致越来越多的自然资源的短缺与枯竭，而排放到环境的污染和废物不断积累最终酿成了灾难性环境污染事件。

与传统经济不同的是，循环经济是一种"资源—生产产品—产品消费—废弃物—再生资源—生产产品"的物质反馈式过程，即以物质闭环流动为特征的闭环经济。它是建立在物质不断循环利用基础上的一种新经济发展模式，是一个具有时代性的环境保护与经济活动协调统一的发展模式。循环经济使得整个经济系统以及产品生产和消费的过程基本上不产生或者只产生很少的废弃物。在循环经济中的废弃物只是在某一段过程或某一个方面暂时没有使用价值，并不代表整个过程或全部方面。换句话说，废弃物只是暂时放错了地方的资源，实质上并没有真正的废弃物。

开环经济与闭环经济的区别见图5-4。

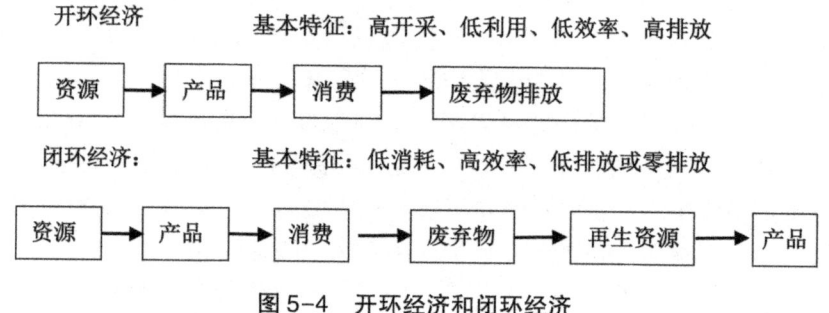

图5-4　开环经济和闭环经济

4. 循环经济与清洁生产的区别

从前面学习的清洁生产和循环经济的内容中，我们不难发现清洁生产与循环经济有许多相似之处。循环经济是清洁生产的扩展，清洁生产是循环经济的基础，是循环经济重要的实现手段。那么它们两者有又有何区别呢？两者的区别主要表现如下。

一是在施行层面不同。清洁生产主要是从环境保护的角度强调单个企业内部实施生产的全过程控制，通过清洁生产审核来提高企业的资源利用效率和消减污染物排放，其属于企业层面循环经济的主要实现形式。清洁生产的施行范围也可以扩展到工业园区，比如按照生态经济原理和知识经济规律将企业群建在一个工业区内，而循环经济是指在更大的空间范围内有效配置资源和能源，其涉及的部门更广，覆盖的范围更大，见效的时间更长。比如将上述思想运用到整个社会以及国民经济中，即以经济和生态规律为指导，通过综合规划、设计社会经济活动，使不同行业、不同区域形成共享资源和互换副产品的生产共生组合，达到产业之间资源的最优化配置，物质和能源得到高效、永续利用，从而实现产品绿色化、生产过程清洁化、资源的可持续利用，最终达到循环经济的最高境界。例如，煤炭资源非常丰富的山西通过发展煤炭循环经济产业链，形成煤基多元化新型产业格局，即发展纵向产业链：煤炭—煤化工—化工产品、煤炭—电力、煤炭—电力—电解铝—铝制品；横向产业链：煤炭开采—煤矸石—电力、煤炭开采—煤矸石—土地充填—土地资源—工农业用地、煤炭开采—煤矸石—建筑材料（或化工原料）等促进本地产业全面发展。

二是产品生命周期的不同。清洁生产中的产品整个生命周期是"从摇篮到坟墓"，强调线性生产过程中产品生命周期全过程减少对环境和生态的影响；循环经济中的产品整个生命周期则是"从摇篮到摇篮"，强调从产品的设计开始就考虑产品回收和综合利用等问题。

三是性质不同。清洁生产属于技术手段，是解决企业生产工序工艺上的技术问题，循环经济强调的是社会生产实践活动，是回答经济发展方向的问题。可持续发展是当前时代发展的要求，而发展循环经济是实施可持续发展战略的重要途径。党的十八大报告提出我国第一个百年奋斗目标是全面建成小康社会。如何以有限的能源资源支撑目标的实现，必须大力发展循环经济，因此，发展循环经济也是全面建设小康社会的内在要求。

5.6　大气污染的综合治理

清洁的大气是人类赖以生存生活的必要条件。为促进经济和社会的可持续发展，防治大气污染，保护和改善生态环境和居民生活环境，我国于 1987 年发布实施《中华人民共和国大气污染防治法》。距今为止，已修订或修正四次，充分彰显了法律的时效性。为进一步加快改善环境空气质量，满足人民日益增长的美好生活需要，2012 年环保部发布《重点区域大气污染防治"十二五"规划》，2013 年国务院出台《大气污染防治行动计划》（简称空气"国十条"）及相应的实施情况考核办法，2018 发布《打赢蓝天保卫战三年行动计划》，分别就防治燃煤，机动车排放，工业废气和尘等所造成的大气污染进行了严格的规定。

综上，应主要从以下几方面着手。

（1）优化产业空间布局，强化节能环保准入

应根据气象因素和地理调节科学制定城市空间布局规划，并严格实施以利于大气污染物的迁移和扩散。合理规划城市工业用地和生活用地布局，规范城市各类生态产业园区、工业区或开发区，合理确定园区产业发展布局，形成园区内工业生态系统"食物链网"，实现园区内资源能源利用最大化、污染物排放最小化。建立健全重点行业的准入条件，提高节能环保准入门槛。新、改、扩建项目必须按时履行环评手续，在环评审批之前不得开工建设；并将向当地环保局申请大气污染物总量控制指标，以此环评审批的前置条件。

（2）控制燃煤污染，加快调整能源结构

通过提高接受外输电比例、增加煤层气、天然气供应等措施控制我国煤炭消费总量。通过煤炭洗选和提高洗选比例推进煤炭清洁利用。全面整治农用工业燃煤小锅炉。加快推进"煤改气""煤改电"、集中供热工程建设。加快重点行业如燃煤电厂脱硫、脱硝、除尘等污染治理设施的建设和改造。开发利用水能、风能、太阳能、生物质能，地热能，安全高效发展核电。提高清洁能源在我国能源消费结构的比例和利用强度。

（3）加大移动源污染防治，控制机动车尾气排放

随着城市化进程的不断加快，城市汽车保有量不断增加。根据城市发展规划，合理控制和管理机动车保有量势在必行。比如一线城市通过摇号购买汽车政策控制城市机动车的增加。通过鼓励居民步行、自行车等绿色出行以及汽车限号政策，逐步降低机动车使用频次和强度。提供更多优惠政策推动大力新能源汽车产业和清洁燃料车的发展，以减少燃油机动车的尾气排放。加快淘汰黄标车和老旧车辆。

（4）推行企业清洁生产，大力发展循环经济

对水泥、电力、钢铁、造纸等重点行业实行清洁生产审核。鼓励现有企业采用先进适用的生产工艺、技术和装备，实施清洁生产技术改造；循环经济是清洁生产的扩展。鼓励产业集聚发展，实施园区循环化发展、产业循环式组合，构建循环型工业体系。

（5）加强个人防护

应对大气污染，居民应做好个人防护措施。首先当遇到雾霾等大气污染严重情况时，应减少外出频次。必要外出时请戴好医用防护口罩、帽子等个人防护用品。居家时应关闭门窗，必要时采用空气净化装置净化室内空气。在公共场所从自身做起，不吸烟、不随地吐痰，作新时代的文明人。

思考题

1. 试述我国环境管理的发展历程。
2. 试述大气环境影响评价的工作程序。
3. 试述循环经济和清洁生产的区别和联系。
4. 阐述大气污染综合防治的具体措施有哪些?

参考文献

[1] Brunekreef B. , Forsberg B. Epidemiological evidence of effects of coarse airborne particles on health [J]. European Respiratory Journal, 2005, 26 (2): 309-318.

[2] Burnett R. , Brook J. , Dann T. , et al. Association between particulate-and gas-phase components of urban air pollution and daily mortality in eight Canadian cities [J]. Inhalation toxicology, 2000, 12 (11): 15-39.

[3] Cao J. , Xu H. , Xu Q. , et al. Fine particulate matter constituents and cardiopulmonary mortality in a heavily polluted Chinese city [J]. Environmental health perspectives, 2012, 120 (3): 373-378.

[4] Cifuentes l. A. , Vega j. , Kopfer k. Effect of the fine fraction of particulate matter versus the coarse mass and other pollutants on daily mortality in Santiago, Chile [J]. Journal of the Air & Waste Management Association, 2000, 50: 1287-1298.

[5] Chen R. , Huang W. , Wong C. -M. , et al. Short-term exposure to sulfur dioxide and daily mortality in 17 Chinese cities: The China air pollution and health effects study (CAPES) [J]. Environmental Research, 2012, 118: 101 -106.

[6] Chiusolo M. , Cadum E. , Stafoggia M. , et al. Short-Term Effects of Nitrogen Dioxide on Mortality and Susceptibility Factors in 10 Italian Cities: The EpiAir Study [J]. Environmental Health Perspectives, 2011, 119 (9): 1233-1238.

[7] Chen R. , Samoli E. , Wong C. -M. , et al. Associations between short-term exposure to nitrogen dioxide and mortality in 17 Chinese cities: The China Air Pollution and Health Effects Study (CAPES) [J]. Environment International, 2012, 45: 32-38.

[8] Colicino, E. , Power, M. C. , Cox, D. G. , Weisskopf, M. G. , Hou, L. F. , Alexeeff, S. E. , … Baccarelli, A. A. Mitochondrial haplogroups

modify the effect of black carbon on age - related cognitive impairment. Environmental Health, (2014) . 13, 42.

[9] Dominici F. , McDermott A. , Daniels M. , et al. Revised analyses of the National Morbidity, Mortality, and Air Pollution Study: mortality among residents of 90 cities [J]. Journal of Toxicology and Environmental Health, Part A, 2005, 68 (13-14): 1071-1092.

[10] Dominici F. , Daniels M. , Zeger S. L. , et al. Air pollution and mortality: estimating regional and national dose-response relationships [J]. Journal of the American Statistical Association, 2002, 97 (457): 100-111.

[11] Goverse T. UNEP Year Book 2013: Emerging Issues IN Our Global Environment [M]. United Nations Environment Programme, 2013, 42-42.

[12] Guo Y. , Tong S. , Zhang Y. , et al. The relationship between particulate air pollution and emergency hospital visits for hypertension in Beijing, China [J]. Science of the Total Environment, 2010, 408 (20): 4446-4450.

[13] Lai H. -K. , Tsang H. , Wong C. -M. Meta-analysis of adverse health effects due to air pollution in Chinese populations [J]. BMC Public Health, 2013, 13 (360): 1-12.

[14] Liang W-M, Wei H-Y, Kuo H-W. Association between daily mortality from respiratory and cardiovascular diseases and air pollution in Taiwan [J]. Environmental Research, 2009, 109 (1): 51-58.

[15] Lim, Y. H. , Kim, H. , Kim, J. H. , Bae, S. , Park, H. Y. , & Hong, Y. C. (2012) . Air pollution and symptoms of depression in elderly adults. Environmental Health Perspectives, 120 (7), 1023-1028.

[16] Li P. , Xin J. , Wang Y. , et al. Time-series analysis of mortality effects from airborne particulate matter size fractions in Beijing [J]. Atmospheric Environment, 2013, 81: 253-262.

[17] Lin L. , Qingxing Zhou. Source characterization and human health risk assessment of aliphatic and polycyclic aromatic hydrocarbons from urban road dusts in a Chinese heavily polluted city. Fresenius Environmental Bulletin, 2015, 24 (2): 467-480.

[18] Lippmann, M. , Ito, K. , Nadas, A. Burnett, R. T. Association of particulate matter components with dailymortality and morbidity in urban populations [J]. Research report (Health Effects Institute), 2000, (95): 5-72, discussion 73-82.

[19] Ma Y. , Chen R. , Pan G. , et al. Fine particulate air pollution and daily mortality in Shenyang, China [J]. Science of the Total Environment, 2011, 409 (13): 2473-2477.

[20] Mar T. F. , Norris G. A. , Koenig J. Q. , et al. Associations between air pollution and mortality in Phoenix, 1995 - 1997 [J]. Environmental health perspectives, 2000, 108 (4): 347-353.

[21] Pope III C. A. , Thun M. J. , Namboodiri M. M. , et al. Particulate air pollution as a predictor of mortality in a prospective study of US adults [J]. American journal of respiratory and critical care medicine, 1995, 151 (3_ pt _ 1): 669-674.

[22] Samoli E. , Aga E. , Touloumi G. , et al. Short - term effects of nitrogen dioxide on mortality: an analysis within the APHEA project [J]. European Respiratory Journal, 2006, 27 (6): 1129-1137.

[23] Seaton A. , Soutar A. , Crawford V. , et al. Particulate air pollution and the blood [J]. Thorax, 1999, 54 (11): 1027-1032.

[24] Samet J. M. , Zeger S. L. , Dominici F. , et al. The national morbidity, mortality, and air pollution study [J]. Part II: morbidity and mortality from air pollution in the United States Res Rep Health Eff Inst, 2000, 94 (pt 2): 5-79.

[25] Shang Y. , Sun Z. , Cao J. , et al. Systematic review of Chinese studies of short - term exposure to air pollution and daily mortality [J]. Environment International, 2013, 54: 100-111.

[26] Suglia, S. F. , Gryparis, A. , Wright, R. O. , Schwartz, J. , & Wright, R. J. Association of black   carbon with cognition among children in a prospective birth cohort study. American Journal of Epidemiology, 2008, 167 (3): 280 -286.

[27] Samoli E. , Analitis A. , Touloumi G. , et al. Estimating the exposure - response relationships between particulate matter and mortality within the APHEA multicity project [J]. Environmental Health Perspectives, 2005, 113 (1): 88-95.

[28] Katsouyanni K. , Touloumi G. , Spix C. , et al. Short-term effects of ambient sulphur dioxide and particulate matter on mortality in 12 European cities: results from time series data from the APHEA project. Air Pollution and Health: a European Approach [J]. BMJ: British Medical Journal, 1997, 314

(7095): 1658-1663.

[29] Kan H., Wong C. -M., Vichit-Vadakan N., et al. Short-term association between sulfur dioxide and daily mortality: The Public Health and Air Pollution in Asia (PAPA) study [J]. Environmental research, 2010, 110 (3): 258-264.

[30] Kan H., London S. J., Chen G., et al. Season, sex, age, and education as modifiers of the effects of outdoor air pollution on daily mortality in Shanghai, China: The Public Health and Air Pollution in Asia (PAPA) study [J]. Environmental Health Perspectives, 2008, 116 (9): 1183-1188.

[31] Kim, C., Jung, S. H., Kang, D. R., Kim, H. C., Moon, K. T., Hur, N. W., ... Suh, I. (2010). Ambient particulate matter as a risk factor for suicide. American Journal of Psychiatry, 167, 1100-1107.

[32] Ma Y., Chen R., Pan G., et al. Fine particulate air pollution and daily mortality in Shenyang, China [J]. Science of the Total Environment, 2011, 409 (13): 2473-2477.

[33] MuLina, LiuLi, et al. Indoor air pollution and risk of lung cancer among Chinese female non-smokers. CancerCauses Control, 2013, 24 (3): 439-450.

[34] Pope III, C Arden, Burnett, Richard T, Thun, Michael J, et al. Lung cancer, cardiopulmonary mortality, andlong-term exposure to fine particulate air pollution [J]. JAMA: the journal of the American MedicalAssociation, 2002, 287 (9): 1132-1141.

[35] Schwartz J., Marcus A. Mortality and air pollution in London: a time series analysis [J]. American journal of epidemiology, 1990, 131 (1): 185-194.

[36] SHANG Y, SUN Z, CAO J, et al. Systematic review of Chinese studies of short-term exposure to air pollution and daily mortality [J]. Environment International, 2013, 54: 100-111.

[37] US EPA. 2009. EPA/540/13 - 24/002. Risk assessment guidance for superfund volume I human health evaluation manual (Part F, supplemental guidance for inhalation risk assessment) [R]. Washington, DC: USEPA.

[38] Van Donkelaar A., Martin R. V., Brauer M., et al. Global estimates of ambient fine particulate matter concentrations from satellite - based aerosol optical depth: development and application [J]. Environmental health perspectives, 2010, 118 (6): 847-855.

[39] Venners S. A., Wang B., Xu Z., et al. Particulate matter, sulfur dioxide,

and daily mortality in Chongqing, China [J]. Environmental Health Perspectives, 2003, 111 (4): 562-567.

[40] Wu S. , Deng F. , Niu J. , et al. Association of heart rate variability in taxi drivers with marked changes in particulate air pollution in Beijing in 2008 [J]. Environmental health perspectives, 2010, 118 (1): 87-91.

[41] Yang C. , Peng X. , Huang W. , et al. A time-stratified case-crossover study of fine particulate matter air pollution and mortality in Guangzhou, China [J]. International archives of occupational and environmental health, 2012, 85 (5): 579-585.

[42] WHO. Health aspects of air pollution with particulate matter, ozone and nitrogen dioxide. Report on a WHO working group, Bonn, Germany [M]. 2003, 13-15.

[43] Weuve, J. , Puett, R. C. , Schwartz, J. , Yanosky, J. D. , Laden, F. , & Grodstein, F. (2012). Exposure to particulate air pollution and cognitive decline in older women. Archives of Internal Medicine, 172 (3), 219 - 227.

[44] Wong C. -M. , Vichit-Vadakan N. , Kan H. , et al. Public Health and Air Pollution in Asia (PAPA): A multicity study of short-term effects of air pollution on mortality [J]. Environmental Health Perspectives, 2008, 116 (9): 1195-1202.

[45] Yang C. , Peng X. , Huang W. , et al. A time-stratified case-crossover study of fine particulate matter air pollution and mortality in Guangzhou, China [J]. International archives of occupational and environmental health, 2012, 85 (5): 579-585.

[46] Zhang L. -w. , Chen X. , Xue X. -d. , et al. Long-term exposure to high particulate matter pollution and cardiovascular mortality: A 12-year cohort study in four cities in northern China [J]. Environment International, 2014, 62: 41-47.

[47] 戴海夏, 宋伟民, 高翔等. 上海市A城区大气PM10、PM2.5污染与居民日死亡数的相关分析 [J]. 卫生研究, 2004, 33 (3): 293-297.

[48] 侯斌, 戴灵真, 王峥, 等. 西安市大气污染对城区居民每日死亡率影响的时间序列分析 [J]. 环境与健康杂志, 2011, 28 (12): 1039-1043.

[49] 邓启红, 胡肖肖, 刘蔚巍等. 颗粒物在人体呼吸系统传输与沉积数值模拟研究 [J]. 建筑热能通风空调, 2009, 28 (3): 24-26.

［50］阚海东，贾健，陈秉衡．上海市某区居民脑卒中死亡与大气污染关系的时间序列研究［J］.卫生研究，2004，33（1）：36-38.

［51］李芳，潘爱华，郭凯等．大气颗粒物对儿童健康的影响及其机制［J］.现代生物医学进展，2009，9（6）：1195-1197.

［52］李加鹏．PM2.5对室外体育锻炼群体的危害及对策研究［J］.菏泽学院学报，2016，38（2）：73-78.

［53］林刚，赵鑫，杜莹等．可吸入颗粒物暴露对居民每日死亡短期影响的Meta分析［J］.首都公共卫生，2009，3（4）：156-161.

［54］吕小康，王丛．空气污染对认知功能与心理健康的损害，心理科学进展［J］2017，25（1），111-120.

［55］田俊杰，黄成，赵秀阁等．上海市典型地区环境空气可吸入颗粒物中重金属污染水平及健康风险评价［J］.2019.

［56］杨文敏，吴炳耀，马亚萍等．不同粒径颗粒物中多环芳烃含量与致突变性关系的研究［J］.环境与健康杂志，1994，11（1）：10-13.

［57］张国宁，周扬胜．我国大气污染防治标准的立法演变和发展研究［J］.中国政法大学学报，2016，51（1）：97-115.

［58］张琳，牛静萍，徐佳等．大气细颗粒物PM 2.5对大鼠睾丸组织细胞周期的影响［J］.生态毒理学报，2009，4（2）：271-275.

［59］张燕萍，张志琴，刘旭辉，等．太原市颗粒物空气污染与人群每日死亡率的关系［J］.北京大学学报（医学版），2007，39（2）：153-157.

［60］上海第一医学院．环境卫生学．北京：人民卫生出版社，1981.

［61］郭新彪．环境健康学基础．北京：高等教育出版社，2011.

［62］孟紫强．环境毒理学基础．北京：高等教育出版社，2003.

［63］徐东群．居住环境空气污染与健康．北京：化学工业出版社，2005.

［64］白志鹏，王珺，游燕．环境风险评价．北京：高等教育出版社，2009.

［65］陆书玉．环境影响评价．北京：高等教育出版社，2001.

［66］周启星．生态地学．北京：科学出版社，2017.

［67］周启星，罗义．污染生态化学．北京：科学出版社，2011.

［68］奚旦立，孙裕生．环境监测（第四版）．北京：高等教育出版社，2010.

［69］环境保护部．中国人群暴露参数手册：成人卷．北京：中国环境出版社，2013.

［70］环境保护部．中国人群暴露参数手册：儿童卷．北京：中国环境出版社，2016.